나를 위한 **첫 번째 환경수업**

나를 위한 첫 번째 환경수업

나를 위한 첫 번째 환경수업

황동수·황지영 지음

더 퀘스트

지구를 위한 노력은 필요 없다

지금 우리는 매년 여름 '전례 없는 폭우'로 수해를 겪고 '전례 없는 무더위'로 전력난을 겪으며, 매년 겨울 '전례 없는 한파' 또는 '전례 없이 따뜻한 겨울'을 경험하고 있습니다. 이쯤 되니 보통의 여름과 겨울은 어땠는지 기억나지 않을 정도입니다. 심지어 미국 서부에서는 너무 뜨거워진 여름 탓에 자연 발화 산불이 흔한 일이 되었습니다. 문제는 산불이 번지는 지역이 너무도 넓어서 사람의 힘으로 쉽게 진화하지 못하고 매캐한 연기가 몇 달씩 지속되기도 한다는 겁니다. 그나마 다행인 점을 굳이 찾자면 이처럼 일상생활이 불편해지고 직접적인 위험이 닥치자, 사람들이 드디어 환경문제를 매우 가깝고도 무거운 일로 인식하기 시작했다는 것입니다. 그래서 '지구를 위한 노력'을 실천하는 사람들이 늘고 있습니다.

그러나 엄밀히 말하면 지구를 위한 노력은 필요 없습니다. 환경오염에서 비롯된 문제는 인류에게만 비상상황이기 때문입니다. 만약 인류가 환경문제를 해결하지 못해 절멸의 위기에 처한다 해도 지구 걱정은 필요 없습니다. 지구에는 엄청난 자정능력이 있기 때문에 인류가 멸망한 후 지구 생태계는 다시 놀라운 속도로 복원될 것입니다. 단지 인간만 사라질 뿐이죠.

지구에서 인간이 사라지면 어떻게 될지 가늠한 사람이 있습니다. 환경 저널리스트인 앨런 와이즈먼^{Alan Weizman}은 지구에서 인류가 사라진 뒤 지구에 어떤 변화가 생길지 알아보기 위해 고생물학자, 해양생태학자, 지질학자, 환경운동가 등 다양한 분야의 전문가에게서 정보를 수집했습니다. 그의 저서 《인간 없는 세상^{The World without Us}》에 따르면, 인류가 사라진 이튿날부터 인류가 건설해 유지하던 시설물들의 작동이 멈추고 건물이 무너지는 등 시간이 흐를수록 인간이 만들었던 사회는 서서히 붕괴될 겁니다.

친환경을 이용하는 기업들

상황이 이렇게 되자 그린머니^{green money}가 세계 경제를 움직이고 있습니다. 2021년 KB 금융그룹의 설문조사 결과, 응답자의 절반 정도는 친환경 제품이면 10퍼센트 정도 돈을 더 지불하더라도 구입하겠다고 밝혔고, 3명 중 1명은 친환경 기업인지 여부가 물건을 구입할 때 영향을 끼친다고 대답했습니다.

소비자들이 환경에 신경(엄밀히 말하면 돈)을 쓰기 시작하면서 친환경 상품인지 여부가 기업의 과제가 되었습니다. 그래서 기업들은 기업 이미지를 제고하려고 무라벨 생수를 출시하거나 텀블러를 사용하면 음료 가격을 깎아주는 캠페인을 진행하기도 합니다. 환경을 생각하는 사람들은 불편함을 감수하고 이런 회사의 제품들을 사용합니다. 이 점을 노려 세계적인 카페 브랜드에서 음료를 구입하면 재사용할 수 있는 리유저블컵reusable cup을 증정하는 행사를 진행했습니다. 소비자들은 이 컵을 받기 위해 1시간 이상 줄을 서는 수고를 마다하지 않았습니다. 이에 가격을 덧붙여 재판매하는 사람들도 생겨났습니다. 그러나 이 리유저블컵이 사실은 20회 정도만 사용할 수 있는 한정 사용 컵이라는 게 밝혀지며, 도리어 몇 번 사용하지 못하는 플라스틱컵으로 소비자들을 유혹했다는 비난을 피하지 못했습니다. 한 화장품 회사는 종이 재질로 만든 병에 담긴 화장품을 출시해서 환경을 생각하는 소비자들의 각광을 받았습니다. 그러나 출시한 지 1년도 채 되지 않아, 종이 화장품병이 사실 종이로 겉을 감싸기만 했을 뿐 안쪽에는 보통 플라스틱을 사용한 것으로 밝혀져 소비자들의 비난을 받았습니다.

이처럼 친환경이 아니지만 마치 친환경인 것처럼 홍보하는 것을 그린워싱green washing이라고 합니다. 비용을 조금 더 지불하더라도 환경을 생각해 만들었다는 제품을 골랐지만, 거짓된 홍보 전략에 속

아서 지갑을 열었다는 사실을 알게 되면 대놓고 환경친화적이지 않은 제품을 이용할 때보다 기분이 더 나쁩니다. 그렇다면 친환경 제품인지 아닌지 어떻게 판단할 수 있을까요? 과학의 눈으로 보면 '비교적' 친환경적인 선택과 그렇지 않은 선택을 가름할 수 있습니다. '비교적'이라고 이야기한 이유가 있습니다.

과학이 정답에 다가가는 법

2008년 제 지도교수인 캘리포니아주립대학교 허버트 웨이트Herbert Waite는 2005년 '수중접착제의 코아세르베이션coacervation 현상'에 대한 논문을 발표함으로써, 1900년대 초부터 가설로만 존재하던 이 현상을 과학적 사실로 입증했습니다. 물은 물질 간의 접착을 느슨하게 만드는 대표적인 물질입니다. 그래서 손에 묻은 오염물질을 씻어내는 데는 좋지만, 종이를 벽에 붙일 때는 방해가 됩니다. 그러나 홍합이나 전복 같은 수중 생물은 물속에서도 바위에 찰싹 붙어 있습니다. 웨이트 교수는 이런 코아세르베이션 현상을 과학적으로 입증했습니다.

　당시 해양 생물의 접착 현상을 연구하던 저는 웨이트 교수와 새롭게 진행 중인 코아세르베이션 연구에 대해 논의하면서 참고문헌을 찾기 어렵다고 토로했습니다. 코아세르베이션 연구는 20세기 초에 시작되었으나 20세기 중반 이후로는 많이 연구되지 않아서 오래된 코아세르베이션 관련 참고문헌을 보관하는 도서관이 거의 없었기 때문입니다. 그러자 교수는 몇 가지 자료를 주었는데 그중 하나가 1980년에 코아세르베이션 관련 학회에서 제공한 자료였습니다. 웨이트 교수는 이미 1980년에 수중접착과 코아세르베이션의 연관성에 주목하고 있었는데, 첫 논문을 2005년에 발표한 것이었습니다. 그래서 왜 연구를 시작한 시기부터 발표할 때까지 그렇게 오래 걸렸는지 이유를 물어보았습니다. 셜록 홈스 마니아인 교수님은 장난스러운 표정으로 이렇게 대답했습니다.

"모두가 납득할 결정적인 증거를 찾을 때까지 기다렸지."

모두가 반박하지 못할 결정적 증거를 찾는 데까지, 곧 과학적 사실로 증명하기까지 25년이 걸린 것입니다.

지구과학에서는 지구가 탄생한 지 약 45억 년이 되었다고 이야기합니다. 정확한 시점, 예를 들어 45억 9,873년이 아니라 대략적으로 이야기하는 이유는 약 45억 년쯤 되었을 것으로 추정할 근거들은 있지만, 그 시점이 정확히 몇 년 전이라고 입증하지는 못했기 때문입니다.

과학에서 새로 발견된 것은 일련의 검증 과정을 통해 '사실'로 입증할 수 있어야 진실로 인정됩니다. 그런데 과학에서 말하는 '입증된 사실'은 보통 사람들이 말하는 '사실'보다 훨씬 빡빡한 요건을 갖춰야 합니다. 그래서 과학의 눈으로 볼 때 '거의 진실'처럼 보이는 일도 '100퍼센트 확실하다'고 말하기는 어려운 경우가 있습니다.

수많은 가족을 고통에 빠트린 가습기 살균제 사건을 그 예로 들 수 있습니다. 2011년 상반기, 원인을 알 수 없는 폐 질환자들이 급증했습니다. 오랜 역학 조사 끝에 피해자들이 사용한 가습기 살균제가 발병의 원인으로 지목되었습니다. 신고한 피해자만 6,800여 명이고 그중 많은 수가 회복하기 어려운 폐손상을 입었으며 일부는 사망하기까지 한 사건으로, 대한민국 전체가 큰 충격을 받았습니다. 피해자는 대부분 내 아이에게, 내 가족에게 보다 쾌적한 환경을 만들어주기 위해 가습기 살균제 제품을 사용했기에 큰 피해를 입고도 자책하는 경우가 많았습니다.

그후 해당 사건의 책임 소재를 묻는 소송이 시작되었습니다. 여러 대기업이 가습기 살균제를 만들어 판매했고, 그중 폴리헥사메틸렌구아니딘polyhexamethylene guanidine, PHMG 성분을 사용한 기업의 제품은 유해한 것으로 입증되어 관련자가 처벌받고 피해자가 구제받았습니다. 문제는 메칠클로로이소치아졸리논methylchloroisothiazolinone, CMIT과 메칠이소치아졸리논methylisothiazolinone, MIT 성분을 사용한 제품이었습니다.

유독 물질을 인체에 실험할 수는 없으므로 임상, 역학, 노출, 독성 등 다양한 과학 분야의 전문가가 모여 동물실험을 통해 해당 물질의 유해성을 검증했습니다. 각 분야의 실험을 종합한 결과, 과학자들은 가습기 살균제 속 CMIT·MIT가 폐손상에 '상당한 영향'을 끼쳤을 것이라는 의견을 제출했으나, 각각의 실험에서 그 영향을 입증하는 완벽한 결과가 나오지 않았습니다. 결국 연구 결과는 증거로 채택되지 않았습니다. 그 결과 2심에서 해당 성분을 사용한 기업들은 무죄 판결을 받았고 구제받지 못한 피해자들은 여전히 고통받고 있습니다. 심지어 피해자들은 가습기 살균제를 구매했다는 사실도 자신이 증명해야 했습니다. 자신이 가습기 살균제를 구매한 영수증이나 해당 제품의 빈 통을 갖고 있지 않으면 피해자로 인정받을 수 없었습니다.

가습기 살균제가 인체에 유해한 영향을 어떻게 끼쳤는지 정확히 설명할 수 없다고 해서 가습기 살균제가 완전히 무해하다고 말할 수 있는 사람은 아무도 없을 겁니다. 여러 상황을 종합해볼 때 '상당한 영향'이 있다고 판단할 수는 있지만 '100퍼센트 완벽한 영향'을 입증하는 것은 왜 어려울까요? 물질과 물질 사이에서 일어나는 현상을 100퍼센트 완벽하게 입증하려면 주변의 수많은 조건을 동일하게 만들어야 하는데 현실에서는 이것이 불가능에 가깝기 때문입니다.

인간에게 끼치는 영향을 밝히기 어려운 이유는 개인마다 신체

조건, 거주 환경, 생활 방식이 모두 다르기 때문입니다. 어떠한 물질이 건강한 30대 청년과 아픈 70대 노인에게 끼치는 영향은 다를 것입니다. 30대 건강한 청년이라도 모든 사람의 신체 조건이 같다고 볼 수는 없습니다. 그래서 과학적으로 적합한 대조군과 실험군을 만들기는 매우 어렵습니다.

물질 하나가 인간에게 끼치는 유해성을 입증하는 것조차 이렇게 어렵습니다. 그러니 매일 새로 생겨나는 수많은 새로운 화합물의 유해성을 일일이 입증하기란 사실 과학적으로 대단히 어렵고, 가능하다 하더라도 그 과정에 천문학적인 비용이 들어가는 일입니다. 과학적으로 정확하냐는 질문에 정확하다고 답할 수 있는 경우는 생각보다 많지 않습니다. 그리고 환경문제 역시 마찬가지입니다.

그럼에도 환경문제에 과학적 시선이 필요한 이유

환경문제는 과학적으로 입증하기 어려운 분야 중 하나입니다. 지구의 거대한 순환 과정에서 일어나는 일 가운데 어느 한 가지 요소만 분리해서 이해하기 힘들기 때문입니다. 해수면 상승에 영향을 끼치는 것만 해도 탄소를 기반으로 한 온실가스(이산화탄소와 메탄)가 대표적인 물질로 꼽힙니다. 그런데 이들을 완벽히 통제한다면 해수면 상승이 멈출 것이라고 예상은 할 수 있지만 실제로는 해수면이 계속 상승할 수도 있습니다.

한편 과학의 발전으로 과거에는 별로 심각하게 여겨지지 않던 요인들이 어느 날 갑자기 유해한 물질로 입증되기도 합니다. 납은 60~70년 전까지만 해도 쉽게 가공할 수 있고 공급이 안정적인 물질이라 산업화 과정에서 쉽게 사용하던 금속이었습니다. 그러나 1965년 클레어 패터슨^{Clair Patterson} 박사가 유해성을 밝히고 그의 오랜 노력 끝에 사용이 엄격하게 제한되었습니다.

아마 우리는 죽을 때까지 세상에서 일어나는 일들을 완벽하게 이해할 수 없을 겁니다. 오늘까지 각광받던 것이 내일은 새로운 과학적 발견으로 갑자기 인류에게 유해한 물질이 될 수도 있습니다. 하지만 지금까지 알려진 것들을 토대로 조금 더 나은 미래를 만들어갈 수는 있을 겁니다. 오늘 내가 환경을 보호하기 위해 선택했던 행동 중 하나는 내일 환경을 위한 행동이 아니었던 것으로 밝혀질 수도 있겠지만 지금 할 수 있는 최선의 행동들을 실천한다면 환경에 조금이나마 도움이 될 것은 분명합니다. 그리고 미래의 나를 위해서도 그러한 실천은 반드시 필요합니다. 지금 이 순간 환경을 위한 최선의 선택을 할 수 있도록 과학적 시선을 갖추는 길을 이 책이 안내해드리겠습니다.

이산화탄소는 정말 기후위기의 범인일까?

기후위기의 마지노선, 1.5도

어제 기온과 오늘 기온이 고작 섭씨 1.5도(이후 기온의 단위는 모두 섭씨이므로 따로 표기하지 않겠습니다) 차이라면 날씨가 크게 변했다고 느끼지 못할 겁니다. 고작 1.5도 오르내렸다고 외투를 꺼내 입을 것도 아니고 특별히 다르게 대응할 게 없습니다. 그런데 어제와 오늘의 날씨가 아니라 10년 전과 현재의 기후 차이라면 이야기는 완전히 달라집니다. 1.5도가 뭐길래 그럴까요?

기후변화를 이야기하기 위해서는 날씨(기상)와 기후의 차이점부터 알아야 합니다. 날씨는 매일 대기 중에서 일어나는 물리화학적 현상을 말합니다. 오늘은 비, 내일은 맑음 같은 변화지요. 기후는 어떤 지역에 오랜 기간에 걸쳐 나타난 비, 눈, 바람, 기온 등의 평균 상태를 말합니다. 날씨와 기후를 한 사람에 비유하자면 날씨는 순간순간의 기분, 기후는 오랫동안 지속된 그 사람의 성격이라고 볼 수 있습니다. 기후가 변화한다는 것은 지구 자체가 바뀌고 있다는 뜻입니다. 이처럼 오래 지속된 지구의 상태가 변화하고 있다는 건 앞으로 어떤 현상이 일어날지 예측하기 어려워진다는 뜻이기에 우리에게 큰 스트레스를 줍니다.

기후변화에 관한 정부간 협의체Intergovermental Panel on Climate Change, IPCC는 1988년 11월에 인간의 활동이 기후변화에 끼치는 영향을 평가하고 범세계적인 대책을 마련하려는 목적으로 설립됐습니다. 이후 국제연합United Nations, UN 같은 국제기구나 세계 각국의 기후환경 전문가들이 모여 IPCC 평가보고서를 지속적으로 발표하고 있습니다. IPCC 평가보고서는 특정 집단을 대표하지 않고 기후변화에 관한 '과학적 근거'를 바탕으로 정책 방향을 제시한다는 점에서 공신력이 있기 때문에 UN 기후변화협약UN Framework Convention on Climate Change 등 국가와 기업 간 협상의 근거 자료로 활용됩니다.

'과학적 근거'를 중요시하기 때문에 IPCC는 1990년 1차 보고서에서 "지구가 더워지는 기후변화 현상이 관찰되지만, 인간의 영향인지 확신할 수 없다"라고 밝혔습니다. 하지만 이후 보고서가 발행될 때마다 내용은 점차 달라져, 2013년 5차 보고서에는 "기후변화는 인간 영향이 95퍼센트 이상"으로, 2023년에 발행된 6차 보고서에는 "기후변화는 전적으로 인간 활동으로 인해 초래됐다"라고 기록했습니다.

현재의 기후변화가 전적으로 인간 활동으로 인해 초래되었다고 밝히는 데 가장 크게 기여한 데이터는 지구와 해양을 가장 오랫동안

연도	IPCC 보고서	의미
1990	1차(AR1)	지구가 더워지는 기후변화 현상이 관찰되지만, 인간의 영향인지 확신할 수 없다.
1995	2차(AR2)	기후변화는 인간 영향이 원인 중 하나일 수 있다.
2001	3차(AR3)	기후변화는 인간 영향이 66% 이상이다.
2007	4차(AR4)	기후변화는 인간 영향이 90% 이상이다.
2013	5차(AR5)	기후변화는 인간 영향이 95% 이상이다.
2023	6차(AR6)	기후변화는 전적으로 인간 활동으로 인해 초래됐다.

IPCC가 보는 기후변화의 원인

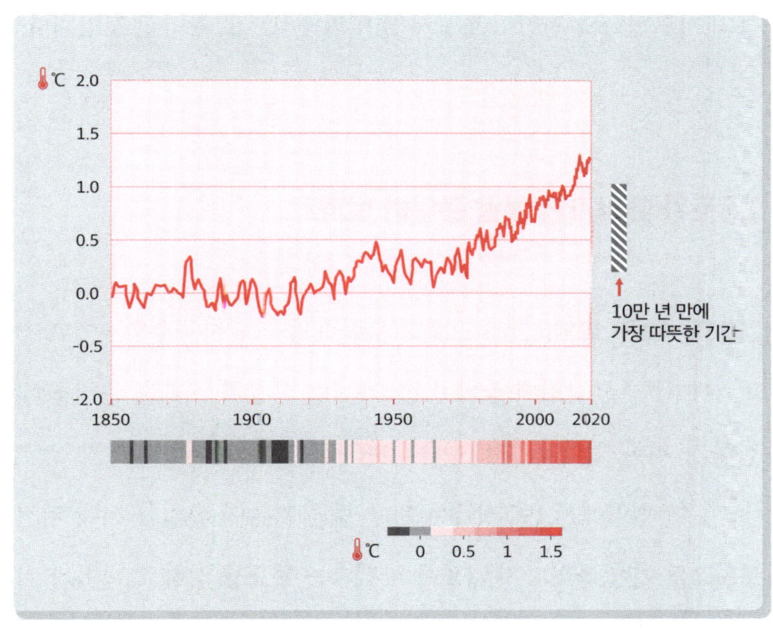

NOAA가 관측한 지구 전체의 평균 기온 변화 데이터

연구해온 미국 국립해양대기국^{National Oceanic and Atmospheric Administration,} NOAA의 지구 온도 관측치입니다. NOAA는 1971년부터 전 세계 곳곳의 대기 데이터를 모아서 공유하고 있습니다.[1] 이 데이터에 따르면 2011~2020년의 지구 전체 평균 기온은 1850~1900년의 데이터와 비교했을 때 무려 1.1도가 상승했습니다. 수백만 년 전까지의 지구 기온을 추정해보면 지구가 가장 뜨거웠을 때도 100년 동안 1.1도 상승한 기록은 관측된 적이 없기 때문에, IPCC는 최근 급격한 기후변화의 원인으로 인간을 지목할 수 있었습니다. 인간의 활동이 기후변화의 원인이라는 사실이 과학적으로 확인된 것입니다.

1.5도가 높아지면 정말 큰일이 날까?

2015년 12월 12일, 21차 UN 기후변화협약 당사국총회^{Conference of the Parties, COP21} 본회의에 참가한 195개국은 온실가스 배출 문제를 해결하기 위한 협약을 채택했습니다(파리기후변화협약^{Paris Climate Change Accord}). 이 협약에서 195개국은 지구 평균 기온이 산업화 시대 이전보다 2도 이상 올라가지 않도록 하겠다는 목표를 정하고, 나아가 기온 상승 폭을 1.5도 이하로 제한하기로 했습니다.

목표를 1.5도로 정하면서 전 세계 인구에게 설득하기 위한 과학

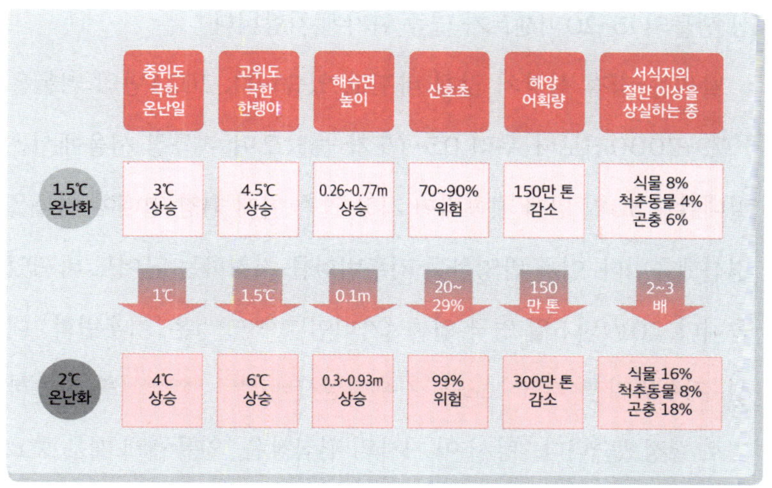

지구온난화가 1.5도와 2도 진행했을 때의 변화 비교

적 연구 결과가 뒷받침되어야 한다는 공감대가 형성되었습니다. 이에 IPCC는 UN의 요청을 받아들여 6차 평가보고서를 작성하기 전인 2018년에 〈특별 보고서: 지구온난화 1.5도^{Special Report:Global Warming of 1.5℃}〉[2]를 발간해, 파리기후변화협약을 채택할 때 합의한 목표 1.5도의 과학적 근거를 마련했습니다. 이 보고서에서는 온난화가 1.5도와 2도 진행되었을 때 지구 생태계에 각각 어떤 일이 일어나는지 과학적으로 서술하고 있습니다. 지구온난화로 평균 기온이 1.5도 높아지면, 해수면은 0.3~0.8미터까지 상승하고 산호초의 70~90퍼센트가 사라지며 지구상 생물의 약 5~10퍼센트가 멸종할 것으로 예측됩니다. 2도가 높아지면 산호초의 99퍼센트가 사라지고 지구상 생물의 15~20퍼센트가 멸종 위기에 처합니다.

날씨는 점점 심상치 않게 바뀌고 있습니다. 2024년의 기온은 1979~2000년보다 무려 0.5~1도가 높았으며 여름철 서울에서는 열대야가 30일 넘게 지속되어 기상 관측 이래 최장 열대야 기록을 경신했습니다. 이를 반영하듯 기후변화를 지칭하는 단어도 바뀌었습니다. 2019년 5월 영국 언론 《가디언The Guardian》은 '기후변화' 대신 '기후위기climate crisis' 또는 '기후비상사태climate emergency'를 사용하기로 결정했습니다.[3] 당시 이 기사의 편집장은 "인류에게 매우 중요한 문제를 과학적으로 정확하게 표현해 독자와 명확하게 소통하기 위해서" 결정했다며, "'기후변화'라는 표현은 과학자들이 대재앙이라고 말하는 것에 비해 수동적이며 온화하게 들린다"라고 용어를 바꾼 이유를 설명했습니다.

과학과 데이터가 꼽은 가장 유력한 용의자

기후위기 상황에서 인류가 풀어야 할 첫 번째 과제는 지구의 온도를 낮추는 겁니다. 이를 위해 이산화탄소 배출량을 0으로 만들기로 세계가 합의했고요. 그런데 이산화탄소가 진짜 지구온난화의 주범일까요? 지구 대기 속 이산화탄소를 제거하는 기술을 기업과 사회에 제공하는 환경공학자로서 솔직한 의견을 밝히면 저는 이산화탄소가 기후변화의 주범이라고 봅니다. 과학자의 말로 표현하면 100퍼센트 확실한 건 아니지만 합리적인 이유로 이는 사실이라고 생각합니다.

과학적인 진실을 말하자면, 지금 대기 중 이산화탄소 농도는 지구가 이전에 경험하지 못했던 최댓값을 향해 가고 있습니다. 물론 지구 대기에는 수많은 기체가 있으며, 지구온난화는 이 수많은 기체가 뒤섞여 만들어내는 결과물 중 하나입니다. 다시 말해 지구온난화에 영향을 끼치는 온실가스에는 이산화탄소뿐 아니라 수증기, 메탄, 질소화합물 등이 포함됩니다. 특히 지구 표면의 70퍼센트 이상을 덮고 있는 기체 상태의 물인 수증기도 온실가스 중 하나입니다.

자연상태에서는 존재한 적 없지만 인간이 창조한 합성 화학물질 중에서 온실가스가 된 기체도 있습니다. '프레온가스Freon gas'에 대해 들어본 적이 있을 겁니다. 프레온가스의 정식 명칭은 염화불화탄소chlorofluorocarbons, CFCs로, 염소와 불소를 포함한 유기화합물을 총칭합니다. 냉장고가 처음 발명됐을 때는 냉장고 내부를 차갑게 만드는 냉매로 아황산가스나 암모니아를 사용했습니다. 하지만 이 물질들은 독성이 강하기 때문에 냉장고에서 가스가 누출되면 사람이 사망할 정도로 위험했습니다. 20세기 초반에는 냉장그에서 새어나온 가스로 사람이 빈번하게 죽을 정도였습니다. 그러다 1920년에 프레온가스가 이를 대체하면서 죽음을 감수하며 냉장고를 사용해야 할 위험이 사라졌습니다. 프레온가스는 가격도 저렴하고 사망 위험도 없어서 점차 다양한 분야에서 활용되었습니다. 인류는 1970년대에 이르러서도 프레온가스의 위험성을 인지하지 못했습니다.

그러나 기상 관측을 하다가 극지방의 오존층이 사라지고 있는 것을 알게 되었습니다. 오존층은 태양으로부터 오는 자외선을 차단하고 지구의 온도가 급격히 올라가지 않도록 하는데, 이것이 어떠한 이유 때문인지 사라지고 있는 것이었습니다. 바로 대기로 퍼진 프레온가스 때문이었습니다. 다행히도 인류는 역사상 가장 성공적인 협약이라고 불리는 〈몬트리올의정서Montreal protocol〉를 통해 프레온가스의 생산과 사용을 단계적으로 중단하기 시작했고, 현재 프레온가스에 대한 뉴스는 거의 찾아볼 수 없습니다. 하지만 최근 반도체 제조 등의 화학 공정에 쓰이는 불소가 함유된 유기가스의 배출량이 늘어나고 있는 상황은 경계해야 합니다.

이 사례를 통해 어쩌면 현재 이산화탄소로 대표되는 온실가스 문제도 프레온가스처럼 시간이 지나면 해결될 것이라고 낙관적으로 생각하기 쉽습니다. 저 역시 프레온가스 문제처럼 손쉽게 해결되기를 소망하지만, 이산화탄소로 대표되는 온실가스 문제는 손쉽운 해결책이 없는 상태입니다.

자연상태에 존재하는 온실효과의 원인 물질 가운데 수증기는 대기 중에 이산화탄소보다 60배 이상 많습니다. 또한 수증기는 이산화탄소보다 열을 4배 많이 흡수할 수 있습니다. 단순하게 계산해보면 수증기는 이산화탄소보다 240배 많은 열을 대기 중에 붙잡아둘 수 있습니다. 게다가 지구 기온이 1도 상승하면 대기 중의 수증기량은 약 7퍼센트 증가합니다. 그렇다면 온실효과에 가장 큰 영향을 끼치는 기체는 물이 아닐까 의심할 만한데도, 전 세계 97퍼센트의 과학자들이 '이산화탄소가 지구온난화의 주범'이라고 이야기하는 이유는 무엇일까요?

워싱턴 D.C.에 본거지를 둔 NOAA가 매년 발표하는 〈NOAA 연간 온실가스 지수 The NOAA Annual Greenhouse Gas Index, AGGI〉[4]는 지금까지 인간이 배출한 온실가스를 관측하고, 이와 지구온난화의 상관관계를 추적하는 가장 공신력 있는 온실가스 관련 자료라고 볼 수 있습니다. NOAA가 발표한 최근 자료를 보면 이산화탄소의 온난화 기여도가 압도적인 1위를 차지하는 것을 알 수 있습니다. 하와이 마우나로아산에 있는 NOAA의 관측소는 1959년부터 지금까지 대기 중의 이산화탄소 농도를 측정해 공개합니다. 1959년 처음 측정했을 때 대기 중 이산화탄소 농도가 315피피엠이었는데, 2022년에는 420피피엠으로 높아졌습니다. 이는 공기 1킬로그램당 1959년에

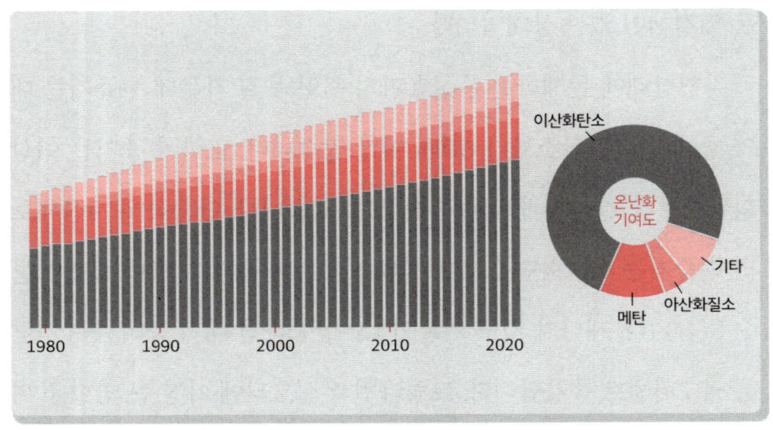

NOAA가 발표한 연간 온실가스 지수

는 315밀리그램의 이산화탄소가 있었지만, 현재는 420밀리그램의 이산화탄소가 있다는 이야기입니다.

더 오래 전에 지구 대기에 있었던 기체의 종류와 그 변화 비율은 어떻게 측정할까요? 나무 단면의 나이테를 보면 나무의 나이를 측정할 수 있듯이 기체의 농도 변화도 같은 방법으로 측정할 수 있습니다. 남극이나 북극은 늘 추울 듯하지만 그곳 역시 겨울에는 춥고 여름에는 비교적 따뜻합니다. 남북극의 빙하는 겨울에는 얼고 여름에는 살짝 녹습니다. 이렇게 켜켜이 쌓이는 과정을 반복한 결과 빙하에도 빙하코어ice core라고 하는 일종의 나이테가 있습니다. 빙하가 녹았다가 다시 얼 때 해당 시기의 대기가 얼음층에 포함되는 것입니다. 과학자들은 빙하를 수직으로 깊이 뚫어 각 층의 기체를 분

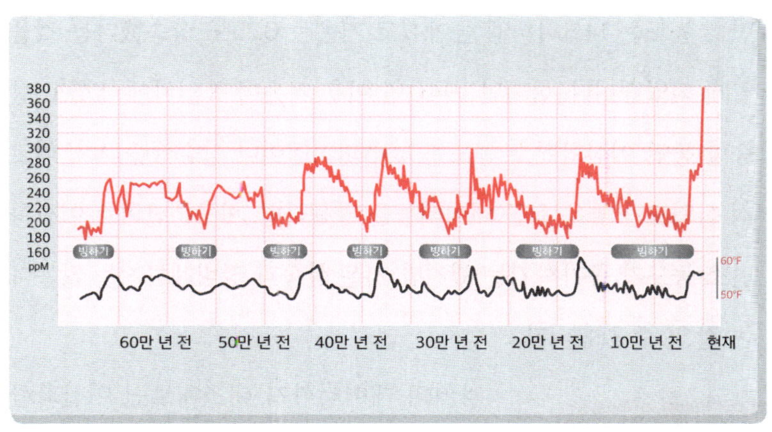

보스토크 빙하코어에서 가져온 대기 중 이산화탄소와 기온 데이터[5]

석합니다. 이렇게 하면 수만 년 전 대기 속 기체의 비율과 농도를 알 수 있으며 그때의 기온도 수학적으로 추정할 수 있습니다. 물론 현재와 비교적 가까운 시대의 데이터는 신뢰성이 높지만, 먼 과거의 데이터를 분석할 때는 더 많은 요소를 가정해야 하기 때문에 신뢰도는 상대적으로 낮아지되 근거 데이터는 확보한 셈입니다. 이렇게 남북극의 빙하를 통해서 간접적으로 이산화탄소 농도를 측정한 결과, 80만 년 동안 지구상의 이산화탄소 농도는 200피피엠에서 300피피엠 사이를 오갔으며 빙하기 때는 180~200피피엠이었던 것으로 추정합니다(이때 과거 지구와 우주의 환경이 지금과 완벽하게 동일하다고 가정합니다).

빙하 관측을 통해 1840년부터 1940년까지 100년 동안 이산화탄소 농도는 14.5피피엠 높아졌고 기온은 0.75도 상승했다는 것을 알게 되었습니다. 하지만 1940년 이후 기온이 동일하게 0.75도 상승할 동안 이산화탄소 농도는 50.5피피엠이나 상승했습니다. 비교적 신뢰도가 높은 최근 데이터들을 활용하면, 지구온난화로 이산화탄소 농도가 증가하기는 했지만 기온 상승과 정비례하지는 않는다는 걸 알 수 있습니다.

과거의 데이터까지 대조해보면 이산화탄소 분압partial pressure과 기온의 상관관계는 더 모호해집니다. 약 5,000년 전에는 이산화탄소 농도가 지금보다 낮았습니다. 이산화탄소 농도가 낮아지면 기온도 낮아진다고 단순하게 생각할 수 있지만, 당시 기온은 현재보다 3도 정도 높았습니다. 반면 빙하기와 빙하기 사이, 따뜻했을 것으로 추측되는 어느 간빙기의 이산화탄소 농도는 약 200피피엠 정도로 현재의 절반 수준이었습니다.

이산화탄소 분압과 지구 기온을 일대일로 직접 비교해 이 둘의 상관관계를 입증하기는 어렵습니다. 변수가 많기 때문입니다. 이산화탄소의 분압이 높아지면 바닷물이 흡수하는 이산화탄소의 양이 달라질 가능성이 높으며, 광합성을 통해 흡수되는 이산화탄소의 양도 달라질 것입니다. 지구 환경에서는 대기, 육지, 해양, 북극권,

남극권, 생물 등 다양한 구성요소가 유기적으로 얽혀 끊임없이 상호작용합니다. 따라서 기후변화를 정확히 예측하고 분석하는 것이 매우 어렵습니다. 또한 이산화탄소 분압과 지구온난화의 상관관계를 알아보기 위해 직접 지구를 대상으로 실험을 진행할 수도 없습니다.

그렇다고 아무 소득도 없었던 건 아닙니다. 많은 과학자가 지구온난화 문제를 수많은 변수가 동시에 작용하는 복잡한 물리 방정식이라 여기고 이 방정식을 풀기 시작했습니다. 그 변수들에는 현재까지 기록된 각종 기후 관련 데이터들과 빙하코어에서 찾아낸 오랜 데이터들도 포함됐습니다. 1969년 일본계 미국인 마나베 슈쿠로Manabe Syukuro는 대기뿐 아니라 해양에 녹아 있는 기체의 순환까지 포함한 데이터들을 슈퍼컴퓨터를 이용해 계산해내는 데 성공했습니다. 그는 지구 대기 중에 이산화탄소 농도가 증가하면 어떻게 지구 기온이 상승하는지를 밝혔습니다. 슈쿠로는 처음으로 기후 모델을 개발한 공로를 인정받아 2021년에 클라우스 하셀만Klaus Hasselmann, 조르조 파리시Giorgio Parisi와 함께 노벨물리학상을 받았습니다.

요즘에는 지구의 대기 변화를 '다중모델앙상블multi-model ensemble'이라는 예측 모델을 이용해 측정합니다. 앙상블은 '전체' '어울림'을 뜻하는 프랑스어입니다. 이 단어는 주로 클래식 음악에서 여러 연주자가 함께 어우러져 각자의 악기를 연주해서 악기 하나로는 낼 수 없는 풍성한 소리나 새로운 음악을 만들어낼 때 사용해왔습니다. 각각의 악기가 내는 소리를 합쳐서 하나의 음악을 만드는 것처럼, 수학이나 머신러닝machine learning에서는 다양한 예측 모델을 하나로 합쳐 대략적인 결괏값을 도출하는 것을 다중모델앙상블이라 합니다. 기존의 여러 모델(수식)과 데이터를 결합해 새로운 예측 모델을 도출하는 과정을 계속 반복하면 예측 정확도가 지속적으로 높아집니다.

다중모델앙상블에서 재미있는 점은 마치 오케스트라 팀처럼 각각의 수식을 '멤버'라고 부른다는 점입니다. 이 멤버의 정확도에 따라 가중치를 조정하는 것이 앙상블모델의 또 다른 특징입니다. 오케스트라에서는 연주 실력이 뛰어난 멤버에게 더 중요한 역할을 부여합니다. 마찬가지로 다중모델앙상블 내 수식 중에서도 예측 정확도가 높은 멤버에게 더 많은 가중치를 두어 결괏값의 신뢰도를 높입니다.

기후 예측에서도 최근에는 이 방식을 활용합니다. 기후는 지구상의 수많은 물질과 천체운동 등 다양한 변수를 결합해 도출한 결괏값입니다. 따라서 기후변화 예측의 정확도를 높이기 위해서는 당연히 최대한 다양한 현상의 예측 데이터를 앙상블해야 합니다. 그래서 다중모델앙상블을 기후변화 예측에 활용합니다. 각기 활용하던 기후 예측 모델들을 하나로 합쳐서 대략적인 변화 방향을 봄으로써 예측 정확도를 높이고자 하며, 이를 수치예보모델 numerical weather prediction model 이라 부릅니다.

이처럼 다양한 과학적 성과가 있지만 이산화탄소가 지구온난화의 첫 번째 원인인지에 대해서는 아직까지 '완벽하게' '과학적으로' 밝혀내지 못했습니다. 그러나 이산화탄소가 포함된 온실가스가 지구온난화에 매우 크게 기여하며 지구온난화로 인해 환경이 파괴되고 있다는 점은 분명합니다. 따라서 이산화탄소의 거대한 순환 과정이 아직 과학적으로 완벽하게 밝혀지지 않았다는 이유로 이산화탄소 배출량을 감축하기 위한 노력을 소홀히 해서는 안 됩니다. 온실가스 배출량 역시 마찬가지고요.

이산화탄소를 완벽하게 통제할 수는 없다

환경과 기후위기를 이야기할 때는 다양한 방법으로 접근할 수 있습니다. 누군가는 멸종위기종의 개체수 변화를, 누군가는 밀림 면적의 감소를, 누군가는 해수면의 높이 변화를 통해 기후위기에 대해 이야기합니다. 저는 대중강연이나 대학교 강의에서 기후위기를 설명할 때 이산화탄소와 에너지부터 이야기하곤 합니다.

이산화탄소의 화학식은 CO_2로, 탄소 1개에 산소 2개가 결합한 형태입니다. 탄소를 포함한 수많은 물질 중에서 에너지가 전혀 없는 단 하나의 물질이 바로 이산화탄소라는 점은 흥미롭습니다. 이처럼 에너지양이 0인 이산화탄소는 우리 삶에 매우 중요한 역할을 합니다. 태양의 빛에너지를 다양한 형태의 화학에너지로 변환시켜 우리가 사용할 수 있는 에너지로 바꿔주는 것입니다. 곧 이산화탄소는 지구에 도달한 태양에너지를 담아주는 빈 그릇과도 같습니다. 지구 생명체의 활동 에너지원인 탄수화물의 화학식은 $C_xH_yO_z$,* 단백질의 일반적인 화학식은 $C_vH_wO_xN_yS_z$,** 지방은 $C_xH_yO_z$,*** 천연가스는 C_xH_y****으로, 에너지가 없는 이산화탄소와 빛에너지가 반응해 에너지를 품고 저장됩니다. 식물은 태양에너지를 받으면 이산화탄소를 흡수해 탄수화물 등을 생성함으로써 동물의 에너지원이 되고, 오랜 시간 땅속에 파묻혀 있으면서 석탄이 되어 열에너지로 이용됩니다.

대기 중의 이산화탄소 농도가 높아진다는 것은 에너지의 사용량이 증가한다는 신호입니다. 그 원인이 석탄이나 석유 사용량 증가든 동물의 이산화탄소 배출량 증가든 식물의 이산화탄소 흡수량 감

---

* x, y, z는 분자의 숫자이며 이 수에 따라 탄수화물의 종류와 특성이 달라집니다.
** v, w, x, y, z는 분자의 숫자이며 이 수에 따라 단백질의 종류와 특성이 달라집니다.
*** x=5~30, y는 x의 약 2배수, z는 일반적으로 2입니다.
**** x=1~4, y=4~10입니다.

소든, 분명한 건 에너지를 생성하는 데 쓰이는 양보다 배출되는 양이 늘어나고 있다는 뜻입니다. 실제로 화석연료의 경우, 지구가 오랜 시간 축적해둔 탄소를 18세기 초 산업혁명 이후 빠르게 소진하고 있으며 그 속도는 더욱 빨라지고 있습니다. 또한 화석에너지는 미세먼지 발생의 주요 원인입니다.

그렇다면 이산화탄소 배출량이 최소한으로 줄어들면 우리에게 좋을까요? 그에 대한 실마리는 1991년 미국 애리조나주의 투손에서 진행한 대규모 실험에서 찾을 수 있습니다. 완전히 파괴된 지구는 SF영화나 소설에 나오는 무서운 상상만이 아닙니다. 인류가 제어할 수 없는 수준까지 환경이 망가질 상황에 대비해 수많은 과학자가 다양한 연구를 진행하고 있는데, 우주로 이주하는 것도 그중 한 가지 시나리오입니다. 인류가 우주에 정착하기 위해서는 안전한 우주선도 중요하지만, 무엇보다 제한되고 밀폐된 환경에서 인류가 오랫동안 잘 살아갈 수 있는지가 가장 중요합니다.

그래야 지금 지구처럼 문명을 이루어 살아갈 수 있겠지요.

우리가 우주에서 살기 위해 어느 정도 준비되어 있는지 알아보기 위해 거대한 도전이 이뤄졌습니다. 이 실험은 '인류가 다른 행성으로 이주하면 지구 같은 생태계를 다시 만들어 자급자족하며 살아갈 수 있을까?'라는 질문에서 시작되었습니다. 달, 화성, 목성 등 지구와 가까운 행성에는 대기 중에 산소와 이산화탄소가 없으므로 이를 순환시킬 환경이 필요합니다. 연구진은 미국 서부의 황량한 땅에 거대한 유리막을 만들고 그 안에 최대한 지구와 비슷한 생태계를 재현하고자 했습니다. 지구와 유사하게 만들어진 실험 공간 내에서 과연 사람들이 오랜 시간 살아갈 수 있을지를 알아보기 위한 이 실험의 이름은 바이오스피어2$^{Biosphere\ 2}$라고 붙였습니다. 바이오스피어2라고 해서 두 번째로 이뤄진 실험은 아닙니다. 우리가 사는 원래 지구가 바이오스피어1이고 이 실험을 위해 만든 공간이 바이오스피어2입니다. '두 번째 지구'로 의역할 수 있을 듯합니다.

저는 고등학생 시절 과학잡지에서 이 실험 소식을 처음 접했습니다. 당시에는 아주 뜨거운 주제였는데, 미국 사막 한가운데 지구 환경을 재현한 인공 공간에서 살아간다는 이야기는 마치 인기 SF 시리즈 〈브이^{V}〉나 〈스타워즈$^{Star\ Wars}$〉에서 본 우주에서의 삶이 곧 현실로 다가올 것 같은 기대감을 불러일으켰습니다. 그러나 수많은 사람의 기대와 달리 바이오스피어2는 완벽하게 실패했습니다.

실패한 이유는 여러 가지 있지만 가장 큰 원인으로는 이산화탄소 농도를 지구처럼 완벽하게 재현할 수 없었다는 점을 꼽습니다. 바이오스피어2의 실험 공간은 약 1만 3,000제곱미터(약 3,900평)의 황무지에 건설된 유리온실이었습니다. 이를 만들기 위해 각 분야 전문가 4,000여 명이 모였습니다. 온실 내에 열대우림을 만들고 밀, 벼, 토마토, 상추, 감자, 고구마 등 작물 150여 종과 닭, 돼지 등 동물 300여 종을 수용했습니다. 산과 들, 강, 바다도 만들었습니다 연구비 2억 달러(약 2,700억 원)가 투자된 거대한 실험이었습니다. 실험의 1차 목표는 2년 동안 8명의 연구원이 고립된 채 살아남는 것이었습니다. 설계자들은 실험이 성공한다면 약 100년 동안 연구 인원을 바꿔가며 실험을 진행할 수 있을 것으로 기대했습니다.

이 공간의 유일한 에너지원은 태양이며 사람들은 물, 산소, 농작물 등을 자급자족해서 생존해야 합니다. 실험이 본격적으로 시작되자 지구를 본뜬 온실은 완전히 밀폐되었고, 얼마 지나지 않아 이산화탄소 농도가 급격히 낮아지기 시작했습니다. 그 결과 식물이 광합성을 할 이산화탄스가 줄어들어 산소 배출량이 줄고 농업 생산성도 떨어졌습니다. 한편으로는 토양에 있는 미생물들이 흡입하는 산소의 양도 예상치를 훨씬 웃돌았습니다. 실험이 시작된 지 4달 만에 외부에서 산소를 긴급 주입했지만 지구와 동일한 20.9퍼센트에서 시작된 내부 산소 농도는 꾸준한 속도로 낮아졌습니다. 실험이 시작된 지 16개월 후에는 해발 4,500미터의 산소 농도 수준인 14.5퍼센트까지 떨어졌습니다. 연구원 8명은 고산지대와 비슷한 산소 농도 때문에 고산병에 시달리기 시작했습니다.

2년으로 계획한 실험이 끝나갈 무렵인 1993년 여름까지도 이산화탄소 농도가 급격히 낮아지는 원인을 정확히 파악하지 못했습니다. 그런데 실험 참여자 중 한 연구원이 아버지와 안부 전화를 하다가 이 문제에 대해 이야기했고, 호흡 관련 학자이던 아버지가 이산화탄소를 콘크리트가 흡수하는 건 아닌지 의심함으로써 문제의 원인을 찾아냈습니다. 콘크리트는 재료의 특성상 이산화탄소를 천천히 흡수합니다. 바이오스피어2 내부에 콘크리트로 만들어 설치한 구조물들이 이산화탄소를 흡수한다는 걸 생각하지 못한 것이 가장 큰 문제였습니다.

실험은 긴급 중단되었습니다. 연구진은 콘크리트에 페인트칠을 해 표면을 코팅함으로써 이산화탄소를 흡수하지 못하도록 막았습니다. 실험이 재개되자 이번에는 이산화탄소의 농도가 급격히 증가했습니다. 여러 원인이 있지만, 온실의 유리가 태양에너지를 상당 부분 반사해서 예상보다 훨씬 적은 에너지만 유리를 통과해 온실 내로 유입되는 것이 주요한 문제였습니다. 이 때문에 식물의 성장이 더뎌지고 해충과 곰팡이, 바퀴벌레가 창궐함으로써 산소를 흡입하는 개체수는 더 늘었고 산소 부족 현상은 계속됐습니다. 가축은 폐사하고 연구원들이 먹을 수 있는 식량은 고구마밖에 남지 않았습니다. 산소와 식량 부족으로 연구원들의 신체뿐 아니라 정신건강도 악화되었고 서로가 적이 되었습니다. 100년을 목표로 계획한 실험은 2차 실험도 완료되지 못한 채 2년여 만에 실패로 끝났습니다.

바이오스피어2가 완전히 실패한 것만은 아닙니다. 첫 실험이 실패한 이후 대중의 관심은 줄어들었지만, 이 실패를 바탕으로 기후변화와 관련된 중요한 실험들이 진행되기 시작했습니다. 미국 컬럼비아대학교 연구진은 1996년부터 이산화탄소 농도를 다르게 설정해 지구 생태계의 이산화탄소 제거 능력을 시험했습니다. 현재 이산화탄소 분압인 400피피엠, 2100년 수준인 700피피엠 그리고 그 이상인 1,200피피엠 수준의 이산화탄소를 바이오스피어2에 적용했습니다.

연구진은 이산화탄소 분압이 높아지면 열대우림이나 해양 속 산호초가 흡수하는 이산화탄소량이 늘어날 것이라고 예상했습니다. 다시 말해 이산화탄소 제거 효율이 높아질 것으로 예측했지만 결과는 반대였습니다. 이산화탄소 농도가 700피피엠으로 높아지자 열대우림에서 이산화탄소를 제거하는 능력이 급격하게 감소했습니다. 유사한 실험을 모의 해양 환경에서 진행하자, 700피피엠 수준을 넘어서면 이산화탄소를 제거하는 산호초의 성장도 20~40퍼센트 정도 감소했습니다.[6] 곧 지구 대기 중의 이산화탄소 농도가 일정 수준을 넘어서면 식물이나 산호초 등이 이산화탄소를 흡수하는 능력은 오히려 떨어진다는 것입니다. 바이오스피어2와 컬럼비아대학교의 실험 결과는 한정된 공간에서조차도 인류가 이산화탄소량을 제어하기 힘들다는 좌절과 그 해결책을 찾아야 한다는 숙제를 안겨

주었습니다.

우리가 얻게 된 교훈이라면 현재의 과학기술로는 지구 생태계를 창조하고 모방하는 것은 불가능에 가까우며, 지구 환경을 보존하는 일이 예상보다 훨씬 중요하다는 것입니다. 이산화탄소 농도가 높아지면 지구의 기온을 높이는 온실가스로 작용할 뿐 아니라 현재의 지구 생태계를 파괴할 가능성도 있기 때문에 이산화탄소 배출량을 줄이려는 노력은 지속되어야 합니다.

한편 식물들이 변화하는 환경에 따라 진화한다는 사실은 우리에게 희망입니다. 현재의 열대우림은 이산화탄소 분압이 700피피엠인 환경에서는 잘 살 수 없지만, 높은 이산화탄소 농도에 적응하고 진화한 열대우림들이 머지않은 미래에 나타날 가능성도 있습니다. 하지만 이산화탄소 배출량이 너무 많다는 것은 여전히 분명한 사실입니다.

과거로 돌아갈 수는 없다

많은 사람이 이산화탄소 배출의 주범으로 흔히 산업계를 꼽습니다. 저는 이것이야말로 자신들의 죄책감을 덜기 위한 가장 큰 거짓말이라고 생각합니다. 이산화탄소 배출의 주체는 산업계가 아닌 바로 '우리'입니다. 숨쉬는 것만으로 인간 1명은 매년 350킬로그램의 이산화탄소를 배출합니다. 물론 사냥과 채집으로 생존하는 파푸아뉴기니의 원주민은 '우리'에 포함시키면 안 될 듯합니다. 차를 타고 이동하고 마트에서 장을 보며 온라인으로 옷을 사 입는 '문명의 혜택을 받는 사람들'이야말로 우리에 해당할 것입니다. 그렇다면 문명사회에서 우리가 일상생활을 하며 얼마나 많은 이산화탄소를 배출하는지 알아봅시다.

이산화탄소의 가장 큰 배출원인 우리는 여름에는 쾌적하게 지내고 겨울에는 따뜻하게 지내기 위해 24시간 화석연료를 연소해 얻은 에너지를 사용하며 이산화탄소를 배출합니다. 아침에 일어나서 출근 준비를 하며 사용하는 비누, 칫솔, 치약을 만들 때도 이산화탄소는 배출됩니다. 샤워할 때 사용하는 물의 정수 과정에서도 이산화탄소를 배출합니다. 아침 식사로 샐러드를 먹든 고기를 먹든 대부분의 사람이 먹는 식품은 엄청난 양의 이산화탄소를 배출하며 만들어졌습니다. 현대의 농업은 온실에서 이뤄지는 경우가 많고 온실의 온도를 조절하기 위해 연료나 전기를 사용하기 때문입니다. 비료 역시 만드는 과정에서 이산화탄소가 배출됩니다.

실제로 비료 생산은 전 세계 화석연료의 3퍼센트를 소모할 정도로, 하나의 제품만 만드는 공정으로는 가장 많은 이산화탄소를 배출합니다. 하지만 이를 통해서 얻어지는 광합성량과 식량자원을 확

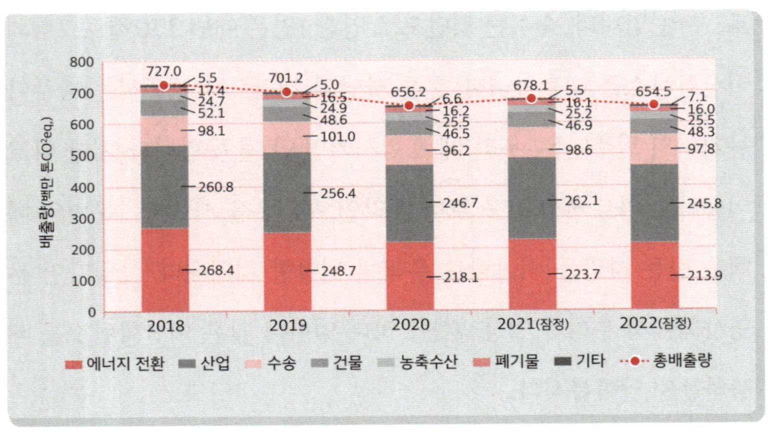

2018~2022년 부문별 온실가스 배출량 추이[7]

보하는 편익은 엄청납니다. 우리가 입는 옷도 화석연료로 쓰는 공장에서 비료로 자란 면화를 가공해 만듭니다. 대중교통을 타든 자동차를 타든 전기자동차 등 친환경자동차를 이용하든 이동할 때도 이산화탄소 배출에 일조합니다. 온라인 쇼핑몰에서 주문한 다양한 물건 역시 배송 과정에서 이산화탄소를 배출합니다. 집에서 쉴 때 즐기는 영상물을 제작할 때도, 이때 사용하는 스마트 기기를 만들 때도 이산화탄소는 배출됩니다.

이렇게 80억 명의 인류가 사는 지구에서는 매일 150억 리터의 석유, 120억 리터의 천연가스, 22톤의 석탄이 쓰입니다.[8] 1인당 매일 석유 2리터, 천연가스 1.5리터, 석탄 0.003그램을 쓰는 것입니다. 참고로 무게가 2톤인 하이브리드 승용차로 포항과 경주를 한 번

왕복할 때(50킬로미터) 사용하는 석유의 양이 2리터입니다. 만약 누군가의 집과 회사의 거리가 편도 25킬로미터가 넘고 매일 출퇴근할 때 자가용을 이용한다면 평균보다 많은 양의 석유를 소비하고 있을 가능성이 높습니다. 곧 인류는 하루에 마시는 물의 양만큼 화석연료를 씁니다. 말 그대로 에너지를 물 쓰듯 소비하고 있습니다. 문제는 물은 순환을 통해 반복 사용할 수 있지만, 화석연료는 이산화탄소로 배출된다는 점입니다.

이산화탄소는 인류가 자신의 능력보다 더 큰 힘을 쓰려고 할 때 주로 발생합니다. 산업혁명 이전에 인간은 자신이 일해서 얻은 것만으로 어렵게 살았습니다. 하지만 산업혁명 이후로는 인류가 힘을 쓰지 않아도 밭을 갈 수 있고 직접 걷지 않아도 철도, 자동차, 비행기 등을 타고 멀리 이등할 수 있게 되었으며 큰 기계를 움직여서 더 많은 제품을 만들 수 있게 됐습니다. 곧 화석연료를 태우면서 노동하지 않는 인류가 늘어났고 식량도 풍족해졌기 때문에 인구는 급격히 늘었습니다. 1인당 이산화탄소 배출량도 당연히 늘어났습니다. 그리고 마침내 이산화탄소가 지구온난화의 첫 번째 원인으로 기후재앙을 일으킨다는 사실을 '발견'하게 되었습니다.

이산화탄소는 수증기를 제외한 나머지 온실가스 가운데 80퍼센트를 차지하기 때문에 1순위 통제 대상이 되었습니다. 위험성을 확인하자 사용을 중지한 프레온가스처럼 이산화탄소 배출량도 쉽게 규제할 수 있다면 큰 문제가 아닐 수 있습니다. 그러나 이산화탄소 배출량은 규제하기가 매우 어렵습니다. 사람들은 조상들이 살던 예전의 삶으로 돌아가고 싶어 하지 않기 때문입니다. 걷기보다는 자동차나 비행기를 타고 여행을 가고 싶습니다. 손쉽게 음식을 배달해 먹던 현재를 포기하고, 사계절 내내 직접 농사를 지어 자급자족하기로 결심하는 사람은 많지 않습니다. 이는 이산화탄소가 대표적인 온실가스가 된 이유이기도 하고, 그 배출량을 규제하는 것이 매우 힘든 이유이기도 합니다.

풍요를 포기하지 않고 할 수 있는 최선의 선택

인간은 매일 쓰레기를 배출합니다. 그리고 인간들끼리 만든 '돈'을 주고받는다는 이유로 지구가 키워낸 생명체와 지구에 있는 자원들을 지구의 허락도 없이 꺼내 쓰며 점점 더 편하게 지내려고 애씁니다. 그렇다면 완전히 친환경적으로 사는 것은 가능할까요?

아주 먼 과거에는 인간이 지구에 해를 입히지 않던 때도 있었습니다. 그 당시에는 날씨가 좋지 않아 작황이 나쁜 해에는 많은 사람이 굶어 죽었습니다. 평년과 달리 추운 겨울에는 얼어 죽었습니다. 지구의 환경 변화에 인류는 속수무책으로 휘둘렸습니다. 원시시대 이야기가 아닙니다. 오래지 않은 과거인 1900년대만 해도 인류가 직면한 가장 큰 숙제는 농업 생산량을 늘리는 것이었습니다.

땅은 식물을 키우는 데 필요한 다양한 영양소를 제공하고 동물은 그 식물을 섭취하며 생존합니다. 수확량을 늘리기 위해 인류는 오랫동안 식물의 잔해나 동물의 분뇨를 땅에 뿌려 토양을 비옥하게 했습니다. 그렇게 해도 양분이 충분치 않아서 예로부터 우리나라에서는 2가지 이상의 작물을 교대로 농사짓는 돌려짓기로 땅의 생산성을 유지하고자 했고, 유럽에서는 3년 경작 후 1년 동안 휴경하기도 했습니다.

1900년, 공업 생산량이 늘어나 인구 폭발의 조짐이 보이는데 농업 생산량은 그만큼 늘어나지 않았습니다. 당시 과학자들이 예측한 지구에서 살 수 있는 최대 인구수는 약 20억 명이었습니다. 식량 브족은 인류가 직면한 공포였고 그에 반해 땅의 영양상태는 점점 나빠지고 있었습니다. 인구 증가를 억제하기 위해 식량 공급을 제한하자는 극단적인 주장까지 나올 정도였습니다.

과학자들의 숙제는 땅에 영양분을 공급하는 방법을 찾아내는 것이었습니다. 식물이 자라는 데는 다양한 원소가 필요하지만 그중에서도 질소가 가장 큰 골칫거리였습니다. 질소가 부족하면 식물 잎이 누레지고 잘 자라지 않습니다. 또한 질소는 동물이 살아가는 데 필요한 단백질원인 아미노산이 되므로 인류의 생존과 직결되는 매우 중요한 역할을 합니다.

그러면 질소가 매우 드문 성분일까요? 그렇지 않습니다. 질소는 공기 중에 약 80퍼센트가 있어 가장 큰 비중을 차지하지만 식물은 공기 중에 있는 질소를 직접 잎으로 흡수하지 않고 뿌리로 흡수해야 합니다. 하지만 공기 중에 떠돌던 질소가 스스로 땅에 흡수되는 건 하늘에서 번개가 칠 때뿐입니다. 번개는 인간이 노력해서 조절할 수 없는 일입니다. 콩의 뿌리에 서식하는 뿌리혹박테리아가 공기 중의 질소를 땅에 고정해서 콩을 돌려짓기하는 경우도 있지만 이 역시 사람이 제어하기 쉽지는 않았습니다.

인류는 그때까지 분뇨를 땅에 뿌려 암모니아 속 질소를 식물에 흡수시키는 방식을 사용했습니다. 하지만 그다지 높은 효과를 기대하기는 힘들었습니다. 과학이 발달하며 많은 영양소가 실험실에서 만들어졌지만 질소만은 반응성이 낮아 땅에 사용할 수 있는 형태로 만들어지지 않았습니다. 그러다 1908년 독일의 과학자인 프리츠 하버Fritz Haber와 카를 보슈Carl Bosch가 실험실에서 암모니아를 합성하는 데 성공하면서 드디어 화학비료를 공장에서 대량생산할 수 있게 되었습니다. 이 시점부터 농업 생산성은 비약적으로 높아졌습니다. 하버와 보슈의 발명은 인류를 굶주림에서 해방시켰으며, 사람들은 공기로 빵을 만든 과학자라는 별명을 붙여주었습니다. 이 발명으로 하버는 1918년에, 보슈는 1931년에 노벨화학상을 수상했습니다.

화학비료를 발명하면서 농업 생산량이 크게 늘어나 인류가 굶주림에서 벗어났을 뿐 아니라 이토록 번영한 것은 부인할 수 없는 사실입니다. 남는 곡식으로 소와 돼지를 키워 쉽게 단백질을 섭취할 수 있었고 남는 곡식이나 과일로 만든 술도 쉽게 맛볼 수 있게 되었습니다. 인류의 식탁은 풍족해졌습니다. 더 나아가 모든 사람이 식량을 생산하던 시기에서 벗어나 남는 노동력으로 다른 산업이 발달했고 이제는 더욱 편리한 세계가 만들어지고 있습니다.

하지만 질소비료의 발명으로 생태계에 질소화합물이 너무 많아지면서 나타난 부정적인 측면도 무시할 수 없습니다. 먼저 질소화합물이 대기로 갈 경우 온실가스로 작용합니다. 인류가 충분히 먹고 살 만큼 농작물이 생산되기 때문에 가축에게 먹일 사료도 충분해져서 가축이 기하급수적으로 늘어났으며 이로 인한 온실가스 배출과 분뇨 등도 다양한 환경문제를 일으킵니다. 또한 인간은 호흡만으로 평균 0.3톤의 이산화탄소를 배출합니다. 인구수가 늘어난다는 것은 온실가스 배출량이 늘어나는 데 간접적으로 기여한다는

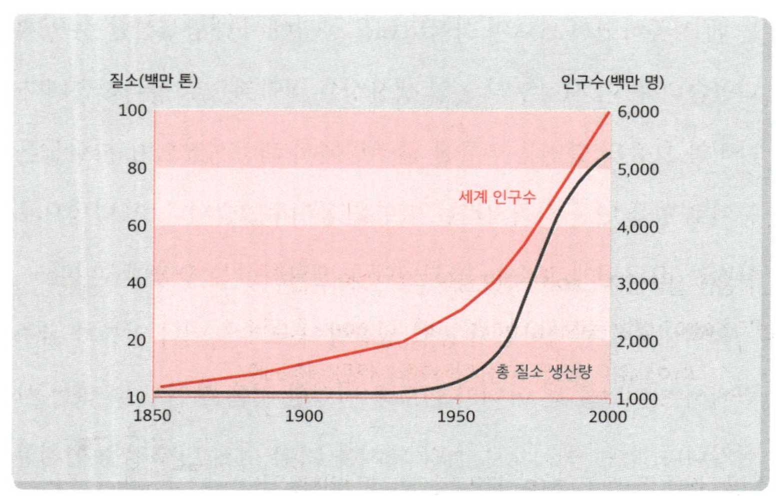

질소 비료와 인구수의 상관관계[9]

뜻이기도 합니다.

지구에 크게 해가 되지 않게 사는 방법을 우리는 알고 있습니다. 바로 과거처럼 사는 겁니다. 지금도 현대의 물질문명을 거부한 채 자신들만의 전통을 지키며 사는 사람들이 있습니다. 아미시[Amish]는 기독교의 한 종파로, 이 공동체 사람들은 현대 미국에서 18세기 삶의 방식을 유지하며 살고 있습니다. 이들은 과학기술을 최소한으로 사용합니다. 마차를 타고 말에 쟁기를 매어 땅을 갈고 농사를 짓습니다. 손으로 빨래를 하고 직접 옷을 지어 입습니다. 이들이 이렇게 살아가는 이유는 지구를 위해서라기보다 종교적 신념이 더 크겠지만, 그들의 삶의 방식이 보통의 우리보다는 지구에 해가 되지 않는다는 점만은 분명합니다.

우리는 과거로 돌아갈 수 있을까요? 급격한 환경파괴로 지금의 삶을 더 이상 유지할 수 없는 지경이 된다면 모를까, 풍요를 맛본 이상 오직 환경을 위해 옷감을 직접 만들고 일일이 손빨래를 하며 직접 재배한 식재료만 먹고 살 수는 없을 겁니다. 또한 질소비료를 완전히 사용하지 않는다면 현재 전 세계 80억 명의 인구 중 대부분이 굶주림을 겪을 수 있습니다. 그리고 잉여곡물로 사육하는 엄청난 수의 가축을 더 이상 키울 수 없기 때문에 육류 가격은 폭등하고 소수의 사람만이 고기를 먹을 수 있을 것입니다. 극단적인 변화는 힘들겠지만 지구에 진정한 값을 치르지 않고 우리가 누리는 혜택에 대해 조금은 부채 의식을 가져야 하며 혜택을 남용하지 않으려는 노력은 해야 한다고 생각합니다. 환경을 조금이라도 덜 해치는 선택을 하는 것이 우리가 할 수 있는 일 중 하나겠지요.

똑똑한 지구인은 효율부터 생각한다

환경을 지키는 선택이란 무엇일까?

환경론에서 볼 때 환경친화적인 행동은 두 가지로 정의할 수 있을 듯합니다. 첫째는 분해되지 않는 쓰레기를 줄이기 위해 의식적으로 노력하는 것입니다. 둘째는 외부에서 받은 에너지는 조금 덜 쓰고 자신의 에너지를 좀 더 사용하는 것입니다.

잘 분해되지 않는 화합물의 사용을 줄이기 위한 인류의 노력으로는 2004년 5월에 발효된 스톡홀름협약Stockholm Convention을 들 수 있습니다. 과학자들은 독성이 있으면서 잘 분해되지 않으며 생물체에 누적되는 특성이 있는 물질들을 발견했습니다. 잔류성유기오염물질persitent organic pollutarts, POPs이라 불리는 물질들은 공기, 물, 생물체를 통해 국경을 넘습니다. 배출된 지역에서 멀리 퍼져나간 물질들은 육상과 수중 생태계에 축적됩니다.

스톡홀름협약에 참여한 세계의 지도자들은 잔류성유기오염글질이 먹이사슬을 통해 북극 생태계뿐 아니라 인류 공동체에 큰 위험을 초래하며, 전 세계의 공중보건 문제라고 인정했습니다. 우리나라 역시 다이옥신dioxine, 살충제인 DDTdichloro-diphenyl-trichloroethane 등을 잔류성유기오염물질로 지정하고 이들의 유해성으로부터 사람들의 건강과 환경을 보호하기 위해 사용을 금지하려고 계속 노력했습니다. 그 결과 이 물질들의 잔류 농도를 점차 낮추는 성과를 거두고 있습니다.

한편 과학 영역에서 에너지를 덜 쓰기 위한 노력은 다양하게 이뤄지고 있습니다. 성공적인 사례로 LEDlight emitted diode의 발명을 꼽을 수 있습니다. 제가 박사후연구원으로 일했던 캘리포니아주립대학교 산타바바라캠퍼스의 총장은 노벨상 수상자가 될 만한 (아직 수상하지는 못한) 저명한 과학자들을 초빙해 노벨상을 받게 하는 능력으로 유명했습니다. 일본에서 LED 전구를 발명한 나카무라 슈지Nakamura Shuji 박사를 교수로 초빙했을 때, 주변 모든 사람이 몇 년 안에 슈지가 노벨상을 받게 될 것이라고 이야기했던 기억이 납니다. 물론 몇 년 뒤 현실이 되었습니다.

지금은 LED가 너무 흔해져서 별로 특별하게 느껴지지 않습니다. 집의 전등, TV나 컴퓨터의 패널, 스마트폰 화면, 하다못해 아이들 장난감에도 LED가 쓰입니다. LED는 친환경적이고 획기적인 발명품입니다. 토머스 에디슨Thomas Edison이 발명한 백열전구와 슈지 박사가 발명한 LED 전구의 가장 큰 차이점은 열효율입니다. 백열전구를 경험한 세대는 불을 켜면 전구가 뜨거워진다는 것을 잘 알 겁니다. 백열전구는 빛도 내지만 대부분의 에너지, 정확히는 최대 95퍼센트의 에너지까지 열로 소모해 빛에서 따뜻한 느낌이 듭니다. 반면 LED는 차갑게 느껴집니다. LED는 에너지를 주로 빛을 내는 데 쓰기 때문입니다. 이러한 LED의 발명은 사회에 엄청난 변화를 가져왔습니다.

스마트폰을 대중화시킨 사람으로 보통은 애플의 창립자 스티브 잡스Steve Jobs를 떠올립니다. 실제로는 스마트폰 대중화에 LED가 엄청나게 기여했다고 생각합니다. 스마트폰 디스플레이에 LED가 사용되기 전에는 열손실 때문에 사람들이 큰 배터리를 들고 다녀야 했고 그 배터리조차 사용 시간이 짧아 스마트폰이 대중화되기 어려웠습니다. LED 디스플레이 도입과 스마트폰의 성공은 거의 동시에 이뤄졌습니다. 다시 말해 LED 덕분에 스마트폰이 대중화될 수 있었다고 생각합니다. LED는 문명의 혜택 밖에 있던 사람들이 이용할 수 있는 적정기술appropriate technology로도 큰 활약을 했습니다. 태양전지로 백열전구를 켜서 밤에 1시간 책을 볼 수 있던 사람들이 LED 전구를 사용하면서 5시간 이상 책을 볼 수 있게 되었습니다. LED는 이산화탄소 소도도 줄이고 대부분의 인류에게 혜택을 준 기술이니 노벨상감이 맞습니다. 이처럼 많은 사람의 생각과 달리 환경을 위하는 선택이 꼭 불편함을 증가시키는 것은 아닙니다.

당장은 에너지가 모자라지 않은 이유

많은 사람이 '무질서도'라고 이해하는 엔트로피^{entropy}는 쉽게 말해 유용한 에너지가 사용할 수 없는 에너지로 전환되는 것을 의미합니다. 유리컵이 땅에 떨어지면 깨집니다. 깨진 유리 조각이 사방으로 흩어지기는 쉽지만, 유리컵이 원래 모양을 유지하며 깨질 가능성은 0에 수렴합니다(완전히 0퍼센트라고 할 수는 없으니까요). 이렇게 유리가 깨지면 엔트로피가 증가했다고 합니다.

우리가 사는 우주에서 엔트로피는 증가하거나 적어도 유지됩니다. 예를 들어 저녁 식사를 하기 위해 고기를 구울 때 고기 겉면의 일부 조각들이 공기 중으로 흩어집니다. 저녁 식사할 때 쓰는 식기도 우리가 사용하는 동안 눈에 보이지 않게 조금씩 닳습니다. 자동차를 타고 이동할 때는 아스팔트의 일부와 타이어의 표면, 그 밖에 자동차의 부속들도 미세하게 닳고 그 조각들은 공기 중으로 흩어집니다. 엔트로피의 증가는 거스를 수 없습니다. 그러니 자연이 파괴되는 것은 피할 수 없는 일이라고 생각하는 사람도 있습니다.

실제로 외부에서 에너지가 공급되지 않는다면 지구에서 엔트로피는 계속 증가할 수밖에 없습니다. 하지만 태양에서 에너지가 지속적으로 공급되며 지구에서 엔트로피를 낮추는 역할을 합니다. 대표적인 현상으로 광합성이 있습니다. 땅에서 자라는 식물은 태양으로부터 받은 에너지를 공기 중의 이산화탄소와 결합해 자라면서 물과 함께 땅속에 있는 각종 미네랄, 질소화합물 등을 흡수하고 에너지가 담긴 탄소 재료를 만듭니다. 예를 들어 포도나무는 뿌리로 토양에 있는 미네랄과 질소화합물 등을, 잎으로는 이산화탄소와 태양에너지를 흡수해 포도 열매를 키웁니다. 포도나무는 열매를 맺는 과정에서 물, 산소 등을 대기에 공급할 뿐 아니라 각종 아미노산과 포도당 등을 생성해 포도 열매를 만듦으로써 초식 동물의 에너지원이 되고 신체를 구성하는 데 쓰입니다.

자연상태에서는 이처럼 땅으로 간 대부분의 물질은 분해되고 식물에 재흡수되어 에너지로 바뀝니다. 일부 식물은 음식 말고 다른 형태의 에너지원이 되기도 합니다. 이미 알고 있듯 식물이 땅속에 그랜 시간 묻혀서 생성된 것이 석탄입니다. 지구는 이 과정을 통해 공기 중에 확산된 이산화탄소를 수거해왔습니다. 그런데 인간은 최근 200~300년 동안 엄청난 속도로 연료를 소비하며 지구가 수거하는 속도보다 빠르게 이산화탄소를 공기 중에 뿜어내고 있습니다.

현재 지구에서 쓰이는 거의 모든 에너지의 핵심은 탄소입니다. 앞서 말했듯 탄소는 그 자체로 에너지가 전혀 없는 유일한 원소지만 다른 원소와 결합하면 주요 에너지원이 됩니다. 인간을 포함한 동물들이 운동할 때 쓰는 포도당(탄수화물)과 지방, 공장이나 자동차를 움직일 때 사용하는 석탄, 휘발유, 디젤(경유, 중유) 등이 모두 탄소화합물입니다.

포도당과 지방 중에 어떤 게 더 힘이 셀까요? 탄소 수가 비교적 적은 포도당은 쉽게 탑니다. 반면 탄소 수가 많은 지방은 쉽게 타지 않지만 한번 타기 시작하면 더 지속적이고 강력한 힘을 냅니다. 그래서 다이어트를 할 때 몸에 축적된 지방을 태우는 것이 목표라면, 운동 초반에는 탄수화물만 소비되고 최소 20~30분은 지나야 지방이 타기 시작하니 오래 운동하는 것이 좋습니다. 참고로 우리 몸은 단백질과 지방을 쉽게 태우지 못해 먹어도 쉽게 축적하지 않는 반면, 유용한 에너지원이 될 탄수화물은 부지런히 축적합니다.

화석연료 역시 마찬가지입니다. 식물과 동물이 땅에 묻혀 생성된 에너지원 중 식물을 원료로 하는 석탄은 태우기 쉽지만 힘이 약합니다. 석유는 태우기 어렵지만 더 강한 힘을 냅니다. 석유 중에서도 탄소 수가 포도당과 비슷한 휘발유는 비교적 태우기 쉽지만 탄소 수가 지방과 비슷한 디젤은 태우기 힘든 대신 효율이 더 높습니다. 디젤이 한때 친환경 원료로 대접받은 이유입니다.

효율은 높게, 낭비는 적게

왜 디젤을 친환경 원료로 보았을까요? 이를 이해하기 위해서는 열효율(에너지효율)부터 알아야 합니다. 열효율을 쉽게 이해하기 위해 가스레인지와 인덕션을 비교해봅시다. 1리터의 물을 인덕션으로 끓이면 가스레인지로 끓이는 것보다 시간을 절반 정도로 단축할 수 있습니다. 게다가 가스레인지를 사용할 때보다 약 60퍼센트의 화석연료만 사용하면 됩니다. 다시 말해 더 적은 연료로 더 빨리 라면을 끓여 먹을 수 있습니다. 또한 가스레인지로 라면을 끓일 경우 물이 끓는 동안 가스레인지 불 주변이 뜨겁습니다. 저는 라면을 끓이다가 너무 불을 키운 나머지 옷소매를 살짝 태운 적도 있습니다. 그러나 인덕션으로 끓이면 뜨거운 냄비에서 발산하는 열기만 느껴질 뿐 인덕션 자체에서는 강한 열기를 느낄 수 없습니다. 곧 가스레인지와 인덕션은 조리구로부터 나오는 에너지가 요리하는 동안 다르게 사용된다는 의미입니다.

중학교 과학 시간에 배운 에너지보존법칙law of conservation of energy을 잠시 떠올려봅시다. 하나의 에너지가 다른 형태의 에너지로 전환될 때, 변환되기 전 에너지의 총합과 변환된 후 에너지들의 총합은 동일합니다. 전구를 켤 때는 전기에너지가 빛에너지로 변환돼 전구에서 빛이 납니다. 그런데 전기에너지의 일부는 열에너지로 전환되어 전구를 따뜻하게 데웁니다. 이때 전구를 켜는 데 사용된 전기에너지의 양은 전구가 발하는 빛에너지와 전구를 따뜻하게 만든 열에너지의 총합입니다. 이렇게 방출된 열에너지는 온실가스와 별개로 지구의 기온을 높이는 또 하나의 원인이 됩니다. 에너지를 사용할 때 이산화탄소가 발생하기 때문입니다.

가스레인지의 경우 에너지 중 50퍼센트만이 진짜 목적인 물을 끓이는 데 사용되고 나머지는 주변 공기로 흩어져 주위를 뜨겁게 만드는 열로 낭비됩니다. 반면 인덕션의 경우 90퍼센트의 에너지가 원래 목적인 물의 온도를 높이는 데 사용됩니다. 이처럼 '투입한 에너지가 원하는 목적에 쓰이는 정도'가 열효율입니다. 두 가지 열원 중에서는 인덕션의 열효율이 높은 것이지요. 열효율이 높을수록, 곧 에너지의 낭비가 적을수록 에너지를 알뜰하게 사용하는 측면에서 친환경에 가깝습니다.

참고로 석유난로나 가스레인지를 사용해본 적이 있다면 석유나 가스 특유의 냄새를 맡아본 적이 있을 겁니다. 이러한 냄새는 석유, 액화석유가스liquefied petroleum gas, LPG, 천연가스 같은 화석연료가 불완전하게 연소될 때 발생하며 대부분 인체에 유해합니다. 이런 면에서 볼 때 인덕션은 에너지효율이 높을 뿐 아니라 유해물질과 접촉하는 횟수를 줄이는 장점이 있습니다. 따라서 요리를 자주 한다면 인덕션을 설치하는 것을 추천합니다.

에너지효율 5~10퍼센트 차이가 왜 그렇게 중요한지 궁금해하는 사람도 많습니다. 에너지효율은 에너지 부족을 직접 경험하지 못하는 우리나라 사람들은 쉽게 이해하기 힘들겠지만, 아프리카 수단에서 온 제 동료 교수인 아실라 오스만Asila Osman은 매우 깊이 공감하는 문제입니다. 오스만의 말에 따르면 수단의 수도 카르툼, 그중에서도 비교적 좋은 동네에서조차 하루에 5시간 정도밖에 전기가 공급되지 않습니다. 그래서 수단 사람들은 자동차 배터리를 태양전지판에 연결해 낮 동안 충전한 다음 밤에 전구를 켜는 데 사용한다고 합니다.

에너지효율은 삶의 질을 결정합니다. 수단 사람들은 일반 전구르는 밤에 1시간가량 전구를 이용할 수 있었지만, LED가 발명된 이후에는 6시간 이상 사용할 수 있게 되었습니다. 이처럼 에너지효율이 높아지면 더 많은 사람이 혜택을 받을 수 있게 됩니다. 곧 에디슨기 전구를 발명해 상류층의 밤을 밝혀주었다면, LED는 아프리카에 사는 사람들에게도 빛을 선사했다는 면에서 큰 성취를 이룬 것입니다. 그런 면에서 에너지효율을 계속 높여가는 것은 여전히 숙제입니다.

그렇다면 완벽한 에너지가 있을까요? 다시 말해 다른 에너지로 전환될 때 효율이 낮아지지 않게 할 방법이 있을까요? 에너지가 다른 에너지로 전환될 때 효율이 낮아지는 이유는 그 과정에서 뭔가가 방해하기 때문입니다. 현재 우리가 사용하는 전기에너지는 전선을 흐르든 공기 중을 흐르든 이동하면서 손실이 발생합니다. 전선에도 공기 중에도 원소들이 꽉 차 있어서, 흐르는 전자가 여기저기 부딪히며 저항이 발생하기 때문에 손실되는 것입니다. 그런데 전자가 저항 없이 흐를 수 있는 공간이 있습니다. 바로 우주입니다.

우주는 텅 비어 있는 공간입니다. 이 공간에는 매질이 없어서 빛이 끝없이 뻗을 수 있기 때문에 수백 광년이 떨어진 곳에서 오는 별빛도 볼 수 있습니다. 또한 우주는 엄청 춥습니다. 그래서 원소들이 운동을 하지 않고 고요하며 에너지는 손실되지 않고 흐를 수 있습니다. 과학자들은 이 온도를 절대온도라고 부릅니다. 정확한 절대온도는 영하 273.15도입니다.

우주처럼 전혀 손실 없이 에너지를 전달하는 물질이 지구에도 있다면 어떨까요? 우주에서 에너지가 흐르듯 손실 없이 에너지를 전달하는 물질, 에너지효율을 100퍼센트로 끌어올리는 물질을 바로 '초전도체superconductor'라고 합니다. 현재로서는 이론으로만 존재하는 물질입니다. 초전도체가 실제로 발견된다면 혁신이 일어날 것입니다. 전 세계를 뒤덮고 있는 구리 전선을 초전도체로 대체하면 저항이 전혀 없으므로 전기에너지를 100퍼센트 활용할 수 있습니다. 전선뿐 아니라 각종 전자기기의 성능도 향상될 것입니다. 우리가 사용하는 스마트폰 부품들에 저항이 사라진다면 더 오랜 시간 안정적으로 사용할 수 있습니다. 전기자동차의 주된 사고 위험은,

배터리를 장시간 사용하면 저항값이 상승하고 이로 인해 2차전지의 온도가 높아지며 열폭주, 곧 폭발할 가능성이 있다는 것입니다. 초전도체를 사용한다면 저항이 없기 때문에 열폭주가 일어날 가능성이 줄어듭니다.

이처럼 거대한 변화를 일으킬 물질이기에, 최근 국내 한 연구기관에서 초전도체와 유사한 물질을 발견한 것 같다고 발표하자 과학계뿐 아니라 그 밖의 사람들까지 관심을 보였습니다. 또 이 물질과 아주 작은 관련이 있는 회사들의 주가도 한 차례 요동쳤습니다. 안타깝게도 그 물질은 초전도체가 아니었습니다만, 이 사례를 통해 그만큼 에너지효율을 개선하는 것이 중요한 문제라는 점은 이해할 수 있습니다.

그렇다면 우리는 지금 얼마나 에너지를 효율적으로 사용하고 있을까요? 자동차에 넣은 기름 중 자동차가 이동하는 데 쓰이는 양은 생각보다 매우 적습니다. 자동차를 운전할 때 사용하는 휘발유의 에너지 중 15~28퍼센트만 자동차를 실제로 움직이는 동력으로 사용되고, 나머지 72~85퍼센트는 열에너지로 배출되거나 불완전연소되어 사라져 버립니다. 그마저도 냉각수를 순환시키는 워터펌프, 자동차 냉난방기, 조명기기 등에 전기를 공급하기 위한 발전기, 공회전 동력 등에 에너지의 1/3이 쓰이면서 자동차가 움직이는 데 드는 최종 에너지효율은 20퍼센트를 넘지 않습니다. 다시 말해 자동

증기기관	7~5	가솔린기관	15~28
증기터빈	15~29	석유기관	15~27
가스기관	20~25	디젤기관	30~38

내연기관의 에너지효율 표(%)

차에 넣은 휘발유 10리터 중 2리터만 자동차를 움직이는 데 쓰이는 것입니다.

디젤은 휘발유보다 태우기 힘든 대신에 막상 타기 시작하면 더 큰 힘을 냅니다. 곧 휘발유보다 에너지효율이 높습니다. 디젤을 이용하는 자동차는 같은 양을 넣었을 때 휘발유를 이용하는 자동차보다 더 먼 거리를 갈 수 있습니다. 그래서 2000년대 초반에는 디젤이 클린디젤clean disel이라는 별명으로 불렸습니다. 또한 정부에서는 디젤자동차를 친환경자동차로 분류해 공영주차장 주차료 할인 등의 혜택을 제공하며 구입을 장려했습니다.

그러나 디젤을 태우려면 고온과 고압 조건이 갖춰져야 하는데, 이 과정에서 불완전연소된 유해한 배기가스가 휘발유보다 더 많이 배출됩니다. 특히 이는 2015년 유명 차량 제조 회사들이 디젤자동차에서 배출되는 배기가스의 양을 조작해온 것이 밝혀지면서 국제문제로 대두되었습니다. 휘발유를 사용할 때보다 힘은 세지만 더 많은 공해물질을 배출하기 때문에 이제 디젤은 더 이상 클린디젤이라 부르지 않습니다. 노르웨이, 네덜란드 같은 유럽 나라들에서는 디젤자동차 운행을 2025년에 전면 금지하겠다고 발표했습니다. 한때는 친환경이던 것이, 환경에 해로운 물질을 배출한다는 새로운 사실이 발견되며 환경을 오염시킨다는 눈총을 받게 되었으니 디젤자동차의 차주는 억울할 수 있겠습니다.

전기자동차는 진짜 친환경일까?

전기자동차를 구입하면 예전에 디젤자동차에 혜택을 준 것처럼 브조금을 주기도 하고 공영주차장 이용료도 할인해줍니다. 전기자동차 구입을 독려하는 것이죠. 운행 중인 전기자동차는 이산화탄소를 배출하지 않기 때문에 비교적 친환경자동차로 봅니다. 앞서 살펴본 인덕션처럼 전기자동차 역시 배터리에 충전된 전기에너지를 차의 동력원으로 90퍼센트가량 사용하기 때문에 휘발유자동차의 열효율 15~28퍼센트와 비교하면 엄청나게 효율이 높습니다.

그러나 필수 에너지인 휘발유를 직접 주입하는 휘발유자동차와 달리, 전기자동차는 발전소에서 생산한 전기를 사용합니다. 전기자동차를 운행하는 동안에는 이산화탄소를 배출하지 않지만, 에너지원인 전기가 만들어지는 과정에서는 이산화탄소가 배출됩니다.

화력발전소에서 전기를 생산해 변전소를 거쳐 소비자에게 송전하는 과정에서는 에너지의 55퍼센트가 손실됩니다. 게다가 자동차 엔진의 모터가 회전하면서 10~15퍼센트가 손실되고 주변 장치와 냉난방 장치를 가동할 때 추가로 손실되며 결국 최종 에너지효율은 약 38퍼센트로 측정됩니다. 석유 10리터를 전기 발전에 사용했을 때 차를 이동시키는 데 쓰이는 에너지는 3.8리터라는 의미입니다. 그래도 휘발유자동차보다 2배가량 에너지효율이 높습니다.

에너지효율도 높지만 전기자동차가 운행할 때는 배기가스 같은 유해물질이 덜 발생합니다. 물론 화력발전소에서 전기를 생산할 때 공해물질이 발생하지만, 대량으로 전기를 생산하면 개별적으로 발전할 때보다는 공해물질의 발생 총량이 줄어듭니다. 또한 대형 시설의 경우 공해물질 저감 장치를 운용하는 데 드는 비용이 낮아집니다. 동일한 양의 에너지를 생산하는 데 드는 비용과 발생하는 공해물질이 적어서 가성비가 좋은 셈입니다.

산업혁명 시기 석탄을 이용한 증기기관의 에너지효율은 약 10퍼센트였습니다. 이후 석유를 적극적으로 활용하면서 내연기관의 에너지효율은 약 20퍼센트로 2배 가까이 증가했습니다. 전기자동차의 에너지효율은 약 40퍼센트로 다시 2배 높아졌습니다. 그러나 전기자동차라고 해서 온실가스를 전혀 배출하지 않는 것은 아닙니다. 사실 인류가 자신의 에너지를 써서 걷거나 말이나 소의 에너지를 빌려 이동하지 않는 한, 이산화탄소가 전혀 배출되지 않는 '친환경 이동수단'은 존재할 수가 없습니다. 전기자동차도 환경오염에 대비하는 완벽한 해답은 아닌 것입니다.

게다가 전기자동차는 휘발유자동차보다 가격이 비싸기도 합니다. 만드는 데 비용이 많이 든다는 의미인데, 전기자동차야말로 생산하는 과정까지 아우르면 휘발유자동차보다 환경을 더 많이 오염시키는 건 아닌지 의문을 품게 됩니다. 그래서 진짜 친환경 제품인지 알아보기 위해 그 제품 자체만이 아니라 제품이 만들어지고 시장에 배포되어 사용되며 사라질 때까지의 전 과정을 측정해야 한다고 생각한 연구자들과 단체들이 새로운 평가 기법을 만들었습니다. 전과정평가^{life cycle assessment, LCA}라고 불리는 이 기법은 제조한 제품에 대해서 원료물질의 정제 과정, 제조 과정, 유통과 사용 과정, 제품이 쓸모를 다하면 소자를 재활용하거나 폐기하는 과정까지 모든 정크를 수집해 이에 드는 비용과 환경에 끼치는 영향을 평가합니다. 국제표준화기구^{International Organization for Standardization, ISO}에서 만든 환경경영 평가 기준인 ISO 14000 시리즈에도 LCA 절차가 포함됩니다. 곧 환경을 생각하며 경영하는 기업이라고 국제적으로 인증받기 위해서는 ISO 14000으로 지정된 다양한 기준을 충족시켜야 하는데 그중 하나가 LCA입니다.

예전에도 LCA와 비슷한 시도를 했지만 당시에는 정확한 값을 도출하기가 어려웠습니다. 기업을 대상으로 LCA를 수행하려면 사용하는 원료 등의 정보와 영업기밀인 마진이 노출될 수밖에 없기 때문입니다. 그러나 최근 들어 기업이 정보를 공개하는 추세여서 비교적 정확하게 LCA값을 도출할 수 있게 되었습니다.

우리가 흔히 쓰는 유리컵과 종이컵을 예로 들어보면 LCA의 역할을 쉽게 알 수 있습니다. 많은 사람이 유리컵을 종이컵보다 더 친환경적인 것으로 생각합니다. 하지만 유리컵을 만들려면 유리를 성형할 때 고열이 필요합니다. 이때 에너지가 많이 소모됩니다. 유리컵은 무겁기 때문에 유통할 때도 에너지가 많이 소모됩니다. 유리컵을 씻을 때도 재사용을 위해 물과 세제를 사용하며 이때 발생한 폐수를 처리하는 데도 추가 에너지가 사용됩니다. 곧 제조 과정에서 유통, 사용, 폐기물 처리까지를 따져보면, 한 번 쓰고 버리는 종이컵보다 유리컵을 사용하는 데 에너지가 더 많이 들어가기 때문에 LCA를 통해서는 종이컵이 더 친환경적이라는 결론이 나올 수도 있습니다.

면생리대와 일회용 생리대 중에서는 어떤 게 더 친환경적일까요? 면생리대는 여러 번 사용할 수 있고 순면 소재로 만들기 때문에 매립했을 때 더 빨리 분해돼 친환경적이라 느껴집니다. 반대로 일회용 생리대는 부직포 소재로 되어 있어 분해되는 데 오래 걸리고 재사용할 수 없습니다. 그런데 LCA를 통해 확인하면 놀라운 결과가 나옵니다. 자원 고갈 측면에서는 한 번밖에 사용할 수 없기 때문에 일회용 생리대가 확실히 좋지 않습니다. 그러나 세탁을 할 경우, 세탁기를 가동할 때 에너지를 사용하므로 면생리대가 지구온난화에 더 나쁜 영향을 끼칩니다. 게다가 개인 위생용품 특성상 한 번 더 포장할 경우 에너지가 추가로 소모됩니다.

다시 디젤자동차 이야기로 돌아가봅시다. LCA 평가가 이뤄지기 전, 2005년 이전만 해도 우리나라에서는 휘발유자동차 대비 수십 배의 질소화합물과 입자상 고형물질^{particulate matter, PM}, 쉽게 말해 미세먼지를 배출한다는 이유로 디젤자동차의 이용을 금지했습니다. 그러나 2000년 초반 독일의 폭스바겐을 중심으로 몇몇 자동차 회사들이 '배기가스 오염물질 저감장치를 부착한' 친환경 디젤자동차를 출시하고 '클린디젤'이라 이름 붙이며 친환경 이미지를 만들기 시작했습니다. 디젤은 휘발유나 LPG보다 연비가 좋아서, 적게는 10퍼센트에서 많게는 30퍼센트 정도까지 이산화탄소 배출량이 적습니다. 하지만 질소화합물과 미세먼지 배출이 많아 사용이 금지되었는데, 이 두 가지 물질에만 자동차에 대한 환경 규제가 적용된다는 허점을 기업이 이용했습니다. 자동차 회사들이 엔진을 저어하는 소프트웨어를 조작해서, 마치 이산화탄소와 유해물질 배출을 저감한 기술을 적용한 자동차인 것처럼 전 세계를 속였습니다. 우리나라 정부도 2009년부터 약 10년 동안 디젤자동차에 세금 감면, 고속도로 통행료와 공영주차장 이용료 할인 혜택을 주기도 했습니다. 그러다가 2015년에 그러한 조작 사실이 밝혀졌습니다.

이 사건을 계기로 환경부와 자동차업계는 친환경자동차를 인증하기 위해 LCA 과정을 도입했습니다. 기존에는 주행 과정에서 배출되는 물질만 규제했다면, 현재는 LCA를 통해 주행 중 배출하는 오염물질뿐 아니라 자동차를 이루는 전체 제품과 연료의 생산 과정, 원료와 제조, 유통, 폐기, 재활용 등 전 과정에서 나오는 모든 환경비용을 평가하고 있습니다. 이 LCA를 통해서 전 세계의 석학들이 휘발유자동차와 전기자동차를 분석했습니다. 동력이 되는 휘발유 또는 전기, 배터리와 차체 가공, 수송과 유통, 사용과 재활용, 최종 폐기까지 전 과정에 들어가는 에너지와 원료, 오염물질 배출 데이터를 종합적으로 분석한 것입니다. 그 결과 전기자동차의 LCA값이 휘발유자동차보다 낮았으니 현재로서는 전기자동차가 휘발유자동차보다 친환경에 가깝다고 말할 수 있습니다.

하지만 전기자동차를 만드는 핵심 부품들의 원료가 부족해지면 문제가 발생할 수 있습니다. 예를 들어 배터리를 만드는 리튬이 부족해지면 더 어려운 방법으로 리튬을 채취해야 할 것입니다. 그로 인해 환경파괴가 더 심해지고 전기자동차의 LCA값이 높아질 겁니다. 전기자동차의 배터리를 폐기하는 데 더 많은 공정이 필요해지고요. 이렇게 되면 전기자동차도 미래에는 친환경 이동수단에서 배제될 수 있습니다.

테슬라가 친환경기업이 아닐 수 있는 이유

다만 현재로서는 LCA가 엄격히 이뤄지기 힘듭니다. LCA를 정확히 수행하려면 원료물질과 원료물질의 가격, 공장의 에너지효율 등을 알아야 하는데, 한 제품에 사용된 원료물질 종류와 양, 구입 가격, 반응 효율 등은 기밀 사항인 경우가 여전히 많습니다. 기업 입장에서는 LCA 자체가 자신의 기술과 가격 경쟁력 등을 경쟁사에게 노출하는 셈입니다. 그러다 보니 기업이 원치 않으면 LCA는 추정치로 진행되는 경우가 많습니다. 디젤자동차 배기가스 조작 사건이 LCA의 한계를 보여주는 한 예입니다. 기업의 이익과 관련된 내용을 의도적으로 숨겨서 그린워싱을 한 것입니다.

LCA가 잘 정착되기 위해서라도 친환경 마케팅을 하고자 하는 기업은 신뢰성 있는 외부 기관을 통해 LCA를 수행한 뒤 인증을 받아야 할 것입니다. 그 결과 소비자는 제품을 고를 때 마케팅 문구뿐 아니라 LCA값을 보고 해당 제품이 친환경인지를 쉽게 판단할 수 있는 시대가 올 것입니다.

LCA 외에도 친환경을 평가할 수 있는 객관적인 지표들이 지속적으로 생겨나고 있습니다. 제품 탄소발자국product carbon footprint, PCF은 LCA와 유사하게 한 제품의 요람에서 무덤까지 전체 라이프 사이클을 측정합니다. 그러나 LCA와 달리 PCF는 온실가스 배출에 집중하는 것이 특징입니다. 건축 분야에서 환경 영향 여부를 측정하는 지표로는 환경성적표지environmental product declaration, EPD가 있습니다. EPD는 주로 친환경으로 건물을 짓기 위해 건축 자재를 선택하는 기준이 됩니다. 기업은 건축물이 환경에 끼치는 위해를 최소화하기 위해 감리 부서에 EPD를 제출해야 하며, ISO 14025에 따라 EPD를 준비하고 환경부나 건설교통부 등 정부 부처가 이를 관리하고 감독합니다. EPD는 건축 자재 외의 다른 제품에도 적용할 수 있으며 국제 데이터베이스에 공개되어 있습니다. 기업 탄소발자국corporate carbon footprint, CCF은 기업을 운영하면서 지금까지 얼마나 탄소 저감을 위해 노력했는지를 보여주는 지표입니다. CCF 지표의 공개 여부는 기업의 의무가 아닙니다만 마이크로소프트는 회사 시작부터 현재까지 배출했던 온실가스 양만큼 이산화탄소를 제거하는 비용을 탄소시장에 지급하는 등의 활동을 해서 CCF 지표가 좋은 기업으로 인정받았습니다. 한편 전기자동차를 만들어 친환경 기업 이미지를 만들어온 테슬라의 경우 여러 차례 요청을 받았지만 CCF 지표를 공개하지 않고 있습니다.

비영리기관인 탄소공개프로젝트Carbon Disclosure Project, CDP의 평가 결과, 대표적인 완성차 기업인 포드는 2019년 이후 기후변화에 대한 보고서 평가에서 A등급을 받았으나 테슬라는 F등급을[1] 받기도 했습니다. 테슬라가 만드는 전기자동차는 에너지효율 면에서 친환경적이지만, 제품이 수명을 다했을 때 재활용할 수 있는 준비가 상대적으로 잘 안 되어 있어서 CCF 지표가 좋지 않다고 생각합니다. 정부의 환경 보조금으로 사업을 확장하고 있는 테슬라의 제품 생산 과정이 현재 상황에서는 친환경적이지 않을 수 있는 것입니다.

전기자동차가 더 깨끗해지려면

디젤이나 휘발유를 쓰는 내연기관 자동차의 배터리는 재활용이 가장 잘되는 부품 중 하나입니다. 내연기관 자동차의 배터리는 시동을 걸거나 차의 조명, 오디오 등을 켜는 데 쓰입니다. 엔진의 보조 역할을 하므로 많은 전력이 필요 없습니다. 이 배터리는 납을 사용한 납축전지로, 주재료인 납의 생산원가가 워낙 저렴한 데다 생산 방법도 단순해서 1860년 처음 개발된 이후 오랫동안 사용되고 있습니다. 특히 1960년대부터 1980년대까지 이어진 화학자이자 환경연구자 클레어 패터슨의 활약으로 납의 사용에 대한 강력한 규제가 실시된 이래 납은 99퍼센트가 재활용되고 있습니다. 납축전지를 생산하는 데 재활용 납을 80퍼센트 이용하므로 이 배터리는 친환경적이라는 장점이 있습니다.

하지만 납축전지는 무겁기 때문에 휘발유자동차의 엔진 보조 역할은 할 수 있지만, 전기자동차를 움직이는 엔진으로 사용하는 것은 불가능에 가깝습니다. 그래서 전기자동차의 배터리로는 납보다 가볍고 에너지 밀도가 높은 '리튬이온전지'를 사용합니다. 상대적으로 가벼운 리튬이온전지도 내연기관의 커다란 엔진보다 무거워서 전기자동차는 휘발유자동차보다 훨씬 무겁습니다.

당연하게도 리튬이온전지는 구성하는 물질들의 순도가 높을수록 더 안정적이고 성능이 좋습니다. 모든 원소를 순도 높은 상태로 만드는 데는 비용이 들어가며 손해가 발생합니다. 구리 원석에 포함된 구리의 양은 5퍼센트가 되지 않기 때문에 순수한 구리를 얻어내려면 불필요한 광석을 녹여야 합니다. 이때 오염물질이 발생하고 외부 에너지를 소비합니다. 리튬 역시 마찬가지입니다. 전기자동차 배터리에 쓰이는 수산화리튬은 암석에도 있지만 호수에도 녹아 있는데, 암석에서 수산화나트륨을 추출하는 비용보다 호수에서 정제하는 비용이 훨씬 저렴하기 때문에 주로 물에서 정제합니다. 그런

데 물속 리튬의 양은 0.006퍼센트 정도로 매우 적고 양질의 수산
화리튬을 얻으려면 다른 광물보다 더 많은 물을 사용해야 합니다.
그 과정에서 생성되는 유해물질들이 다시 물로 유입되어 환경오염
이 발생할 수 있습니다. 다시 말해 리튬이온전지의 원료물질 중에
서 순수한 수산화리튬을 생산하는 공정은 환경친화적이지 않을 수
있습니다.

전기자동차 가격에서 가장 큰 비중을 차지하는 리튬이온전지는
안전과도 직결되는 요소입니다. 체르노빌과 후쿠시마 원자력발전
소에서 일어난 방사능 유출 사건은, 일정 온도 이상으로 높아진 발
전소 내부의 열을 제어할 수 없게 되자 원자력이 열폭주 과정을 거
쳐 폭발하면서 발생했습니다. 리튬이온전지에도 이러한 폭발의 위
험이 있습니다. 비행기에 탈 때 휴대용 배터리를 위탁수하물에 넣
지 말라고 하는 이유도 바로 이 배터리가 리
튬이온전지이기 때문입니다. 그래서 안전을
위해 배터리를 제작할 때 원료의 순도를 높이
는 데 더욱 공을 들일 수밖에 없습니다.

이렇게 가장 비싸고 만들기 어려운 리튬이
온전지는 납축전지처럼 재활용이 잘되지 않
습니다. 납축전지는 주재료인 납, 전해질로 쓰
는 황산 그리고 겉을 감싸는 플라스틱으로 분

리하면 됩니다. 하지만 리튬이온전지는 음극제, 양극제, 전해질, 리튬이온으로 분리해야 하는데 이 과정이 간단하지 않습니다. 전극 또한 여러 원소를 합금해 만들었기 때문에 재활용 과정이 복잡하고 비용도 많이 들어갑니다.

리튬이온전지가 환경에 부정적인 영향을 끼치는 또 하나의 요인으로는 그 안에 든 난연제fire retardant를 들 수 있습니다. 스마트폰을 오래 사용하다 보면 새 제품을 사용할 때보다 금방 따뜻해지는 것 같다고 느낀 적이 있나요? 기기마다 차이는 있겠지만 가전제품을 사용하다 보면 처음과 달리 오래될수록 쉽게 따뜻해진다고 느낄 때가 있습니다. 전기의 저항 때문에 생기는 현상입니다. 배터리도 오래 사용하거나 물리적인 충격을 받으면 저항값이 커져서 점점 뜨거워집니다. 그런데 무거운 차체를 배터리의 힘으로 움직여야 하는 전기자동차에는 고용량 배터리를 빽빽하게 넣어야 합니다. 이 여러 개의 배터리 중 하나가 충격을 받아 고장이 나면 다른 배터리도 연쇄적으로 폭발할 수 있습니다. 이 위험을 방지하기 위해 전기자동차용 배터리에 난연제들을 넣습니다. 열에 강하고 잘 타지 않도록 하는 것이 난연제이므로 이들은 분해도 잘되지 않습니다. 많은 연구자가 난연의 특성이 있는 '고체전해질 리튬이온전지'에 대해 연구하고 있지만, 아직 현실적인 해결 방안은 보고되지 않았습니다.

리튬이온전지를 재사용할 방법은 있습니다. 수명을 다한 리튬이온전지는 무거운 차를 움직일 수 없지만 전등을 켜는 정도로 사용하는 건 가능합니다. 자동차에 사용하기 어려운 리튬이온전지를 저개발국에 보급해 조명을 켜는 데 활용하는 등의 방법으로 재사용할 수 있는 것입니다. 하지만 전기자동차 사용량이 늘어나는 만큼 폐기되는 리튬이온전지도 쏟아져 나올 예정이므로 궁극적으로 이들 최대한 재활용할 산업과 기술, 법적안전장치가 마련되어야 합니다. 다행히 많은 사람이 이에 관심을 가져서 배터리 재활용 관련 사업이 주목받고 있습니다. 2023년 초에는 배터리 재활용 관련 기업들의 주가가 요동치기도 했습니다. 현재 국내외에서 크고 작은 기업들이 이 기술 개발에 몰두하고 있는데, 주요 문제는 재활용 과정 중에 발생하는 폐수입니다. 폐수가 적게 발생해 폐수 처리에 드는 비용을 줄여야 이 기술의 상용화 여부가 결정될 듯합니다.

좀 더 친환경적으로 전기를 생산할 수 있으면 전기자동차는 더 친환경적인 이동수단이 될 수 있습니다. 친환경에너지라 하면 보통은 풍력, 태양광 등을 떠올립니다. 그런데 왜 이들 에너지가 대중화되지 않을까요? 해양 풍력의 경우 바람이 모터를 돌려 전기를 발생시키는 것이므로 원리가 간단해 환경문제가 많이 발생하지는 않지만 소음이 매우 커서 근처에 사람이 살기 힘들다는 단점이 있습니다. 국토가 넓고 바람이 지속적으로 많이 부는 지역이 있다면 활용할 수도 있겠지만 우리나라에는 이를 설치할 땅이 거의 없습니다.

또한 태양광과 풍력은 날씨의 영향을 많이 받으므로 보조적인 에너지 생산수단일 수밖에 없습니다. 갑작스레 장마가 시작되거나 평소보다 바람이 많이 불지 않아 전기가 끊기면 안 될 테니까요(또 다른 단점들에 관해서는 5장에서 살펴보겠습니다).

원자력은 전기를 생산하는 데 핵분열을 이용하기 때문에 이산화탄소와 미세먼지 같은 공해물질은 전혀 발생하지 않습니다. 따라서 원자력발전으로 생산된 전기로 전기자동차를 충전한다면 이산화탄소와 공해물질은 거의 배출되지 않아 친환경으로 보일 수 있습니다. 하지만 원자력의 경우 앞에서 이야기했듯 방사선에너지를 완벽하게 제어하기 어렵고 핵폐기물이 분해하기 어려운 환경오염물질이기 때문에 완전한 해결책이 될 수 없습니다. 심지어 원자력은 LCA값을 측정하기도 어렵습니다.

이러한 한계가 있지만 원자력은 점점 극심해지는 기후위기 탓에 비교적 현실적인 타협점으로 자주 언급됩니다. 2023년 4월에 국가 원자력발전량 0을 달성한 독일의 경우, 그로 인해 화석연료 사용량이 증가하고 이산화탄소 배출량이 늘어났습니다. 또한 원자력발전소 가동을 중지하면서 부족해진 전기 생산량을 충당하기 위해, 프랑스의 원자력발전소에서 생산한 전기를 수입하자 정치적 '친환경 쇼'라며 비판받기도 했습니다. 원자력의 위험성을 간과해서는 안 되지만, 위험하다고 해서 원자력을 기피만 하기보다는 잘 다루기 위한 연구에 시간과 노력을 투자해야 할 필요가 있습니다.

이산화탄소 배출량에 돈을 매기면 어떨까?

흔히 말하는 탄소중립이란 탄소를 배출한 만큼 흡수하는 대책을 마련해 배출한 탄소의 총량이 0이 된 상태를 말합니다. 탄소중립을 달성하기 위해서는 2가지 접근 방법이 있습니다. 탄소가 배출되는 양 자체를 줄이려는 노력과 배출된 탄소를 다시 흡수할 수 있는 환경을 조성하는 것입니다.

탄소 배출량을 줄이기 위해서는 풍력, 태양광 같은 천연에너지 사용을 늘리고 이산화탄소를 많이 배출하는 노후화된 차나 기계를 교체해야 합니다. 탄소 흡수를 증가시키기 위해서는 삼림을 적극적으로 관리하고 이산화탄소 배출량이 많은 장소에 이산화탄소 포집 장치를 설치하는 등 노력을 해야 합니다. 산림청에서 배포한 보도 자료에 따르면, 쾌청한 날일 때 잎의 면적인 엽면적이 1,600제곱미터인 성숙한 느티나무 1그루는 사람 1명이 사용한 화석연료에서 배출된 이산화탄소를 흡수할 수 있습니다.[2] 나무 1그루가 사람 1명의 역할을 해주는 셈입니다. 생각보다 나무의 힘이 꽤 크다고 느껴지지 않나요? 기업을 대상으로는 경제 외적인 문제까지 측정해 평가하는 ESG Environmental, Social and Governance를 시행해 각종 규제를 통해 탄소 배출량을 감축합니다. 예를 들어 자동차를 만들 때 친환경 소재 사용 비율을 늘리도록 강제하는 것입니다.

그러나 탄소 배출량은 여전히 줄지 않고 있습니다. 사실상 물과 휘발유의 소비자 가격은 비슷합니다. 휘발유에 부과되는 약 800원의 유류세를 제외하면, 휘발유 1리터의 가격과 생수 1리터의 가격에 별 차이가 없습니다. 다시 말해 화석연료는 매우 싸게 판매되고 있습니다. 땅속 깊은 곳에서 석유를 시추하고 정유 시설로 옮기는 물류비, 불순물을 제거해서 용도에 따라 분리하고 정제하는 비용, 전 세계 곳곳으로 운송하는 데 드는 비용을 포함해도 엄청나게 싼 가격으로 대량 공급되는 것입니다.

물건이 싸면 헤프게 사용하는 것이 사람 심리입니다. 그렇기 때문에 탄소를 배출하는 모든 제품에 그만큼 탄소가격 carbon price을 매겨 화석연료 소비를 강제로 줄이려는 것이 탄소 관련 규제의 핵심입니다. 나아가 화석연료를 덜 사용하는 소비자나 기업에게 이득을 준다면 탄소배출을 억제하는 데 더 힘을 보탤 수 있습니다. 이러한 생각을 바탕으로 탄소배출권 certified emission reductions, CERs 등을 거래할 수 있는 자발적 탄소시장 voluatary carbon market, VCM이 만들어지고 탄소금융 carbon finance이 탄생했습니다. 탄소를 많이 배출하면 손해를 입고,

탄소를 상대적으로 적게 발생시키면 추가 이득을 얻는 개념이 만들어진 것입니다.

이러한 탄소금융이 처음으로 활성화된 것은 교토의정서^{Kyoto Protocol}가 발표된 후의 일입니다. 1997년 교토에서 체결된 기후변화협약인 교토의정서는 1990년 온실가스 배출량을 기준으로 국가 간의 탄소배출량을 규제하는 협약입니다. 이를 위한 탄소 감축 의무 이행 방식을 교토 메커니즘이라고 합니다. 구체적으로 국제배출권거래제도^{international emissions trading, IET}를 통해 탄소를 거래할 수 있는 시장을 만든 다음, 공동이행제도^{joint implementation, JI}, 청정개발체제^{clean development mechanism, CDM} 등으로 여분의 탄소 거래를 허용한 것이 탄소금융의 시작이었습니다.

교토의정서에 참여한 이행 의무 국가에는 선진국들만 포함되었습니다. 선진화해서 더 많은 화석연료를 사용하는 국가들이 탄소배출량 감축에 대한 의무를 지는 것이었습니다. 국가별 온실가스 배출량 규제와 공동이행제도, 청정개발체제를 통한 탄소 배출량 감축은 모두 UN에서 인증합니다. UN이 해마다 각국의 온실가스 배출 할당량을 발표하면, 이에 따라 각 국가는 할당량 이하의 온실가스를 배출해야 합니다. 그중 공동이행제도란 2개 이상의 이행국이 공동으로 온실가스배출 감소사업을 실시하고, 이를 통해 탄소배출권을 받는 것입니다. A국가와 B국가가 국경에 공동으로 풍력발전기를 설치하면 이에 따른 탄소배출권을 두 국가가 함께 받습니다.

각 국가는 탄소 배출량을 다른 방식으로도 줄일 수 있습니다. 청정개발체제라 불리는 이 방식은, 선진국이 후진국에 온실가스 저감 시설을 설치하면 온실가스 감소량을 탄소배출권으로 받아가는 것입니다. 예를 들어 선진국인 A국가가 개발도상국인 B국가에 풍력발전소를 건설해주면, 이 풍력발전을 통해 B국가가 화력발전에 쓰는 석탄을 줄인 양만큼 A국가가 탄소배출권을 받는 것입니다.

공동이행제도와 청정개발체제를 통해 한 국가가 감축한 온실가스 배출량은 UN이 인정할 경우 각각 배출감축단위emission reduction units, ERUs와 탄소배출권을 받게 됩니다. 이를 통합해 탄소크레딧carbon credit이라고 합니다. 한 국가가 자국에 할당된 양보다 온실가스를 덜 배출하면, 국제배출권거래제도의 규정에 따라 할당량 시장allowance market에서 거래할 수 있습니다. 곧 10만큼 온실가스를 배출량을 줄인 C국가가 10만큼 온실가스를 추가 배출한 D국가에 그 권리를 파는 것입니다.

하지만 국가들 주도로 만든 탄소시장이 출범한 지 20년 가까이 지나도 온실가스 배출량은 절감되기는커녕 오히려 증가했습니다. 그리고 지구상의 모든 국가가 참여하는 것은 아니기 때문에, 참여국과 UN이 규제하는 것만으로는 온실가스를 줄이는 데 한계가 있다는 점을 인지하게 되었습니다. 그 결과 민간 주도 탄소거래시장인 자발적 탄소시장이 생겨났습니다. 자발적 탄소시장은 UN이나 정부로부터 온실가스 감축 의무를 부여받지 않은 참여자들이 온실가스 배출량을 자발적으로 감축하는 시장입니다. 이 시장에는 기업, 기관, 비영리단체, 개인이 참여합니다. 또한 이 탄소시장에서 탄소 배출량 감축은 각 참여 주체가 알아서 인증합니다.

자발적 탄소시장은 앞으로 10년간 10~15배 정도로 급격히 성장할 것으로 예상합니다. 마이크로소프트는 자발적 탄소시장에 참여하는 대표적 기업으로, 신뢰할 만한 자발적 탄소업체로 인증된 회사로부터 이산화탄소 배출권을 1톤당 약 600달러(약 80만 원)에 삽니다. 전 세계적으로 매년 약 510억 톤의 탄소가 대기 중으로 배출됩니다. 이 양을 경제적 가치로 환산하면 전 세계 국내총생산gross domestic product, GDP의 약 30퍼센트를 차지합니다. 탄소배출권 거래 역시 경제의 한 축으로, 미국 등 많은 선진국이 시장 가능성을 보고 탄소금융을 주목하고 있습니다. 하지만 우리나라는 이에 참여하는 금융사나 기업이 없다는 점에서 첫걸음이 늦어지고 있어 안타깝습니다.

자발적 탄소시장에서 정부가 이산화탄소를 규제하는 방법에는 탄소세carbon tax와 탄소거래제도emission trading scheme, ETS가 있습니다. 유럽이나 일본은 탄소세를 도입하는 방향으로 기운 것 같습니다. 유럽에서는 탄소국경조정제도carbon border adjustment mechanism, CBAM를 2023년부터 시행하고 있습니다. EU를 제외한 제3국에서 생산된 시멘트,

전기, 비료, 철과 철강 제품, 알루미늄, 수소 등 6개 제품군을 유럽에 수출하려면 생산 과정에서 발생하는 탄소 배출량을 EU에 분기별로 보고해야 합니다. EU는 이를 통해 탄소 배출량 기준을 정해서 친환경으로 생산된 제품에는 관세를 부과하지 않고, 덜 친환경적으로 생산된 제품에는 관세를 부과하려고 합니다. 실제로 기준은 2025년까지 만들고 2026년부터는 친환경적인 방법으로 생산되지 않은 제품에 관세를 적극 부과하겠다고 밝혔습니다.

우리나라의 철강, 조선, 석유화학 기업 등은 탄소세를 일괄로 부과하면 엄청난 세금을 추가로 부담해야 합니다. 그 결과 수출로 먹고사는 우리나라 상품의 국제 가격 경쟁력이 하락할 위험이 있습니다. 정부가 탄소세 도입을 서두를 수도 없습니다. 각 기업이 탄소를 얼마나 사용하는지는 상품 제조 과정과 연관된 영업비밀이라 세금을 정확하게 부과하기 어렵기 때문입니다.

반면 자발적 탄소시장에 따른 탄소거래제도를 활용한다면, 정부는 할당받은 탄소 배출량을 각 산업 분야에 나누어줄 수 있습니다. 그리고 각 산업 분야에서 부족하거나 남은 탄소크레딧을 서로 거래하면 정부는 탄소세 도입에 따른 불필요한 행정력 낭비를 줄일 수 있습니다. 그러니 유럽과 일본이 채택한 탄소세를 우리나라가 도입하지 않았다고 해서 시대에 뒤처지는 게 아닙니다. 우리나라 특유의 산업 구조와 지리적 조건 등을 고려해 탄소배출권 거래나 자발

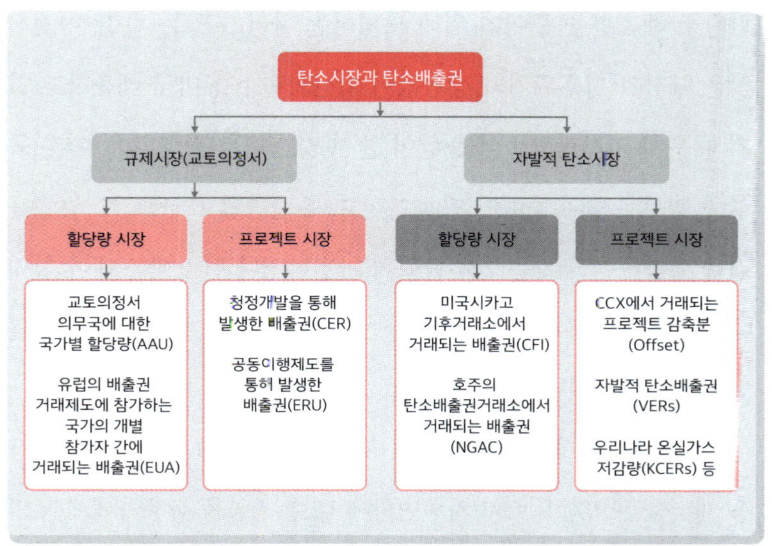

탄소금융 시장 및 배출권의 종류

적 탄소시장에 도전하는 것 자체가 더 중요합니다.

경제학적으로 기후변화 연구를 해온 공로를 인정받아 2018년 노벨경제학상을 수상한 예일대학교 경제학과 윌리엄 노드하우스[William Nordhaus] 교수는 노벨상 수상 연설에서 기후클럽[Climate Club]을 만들자고 주창했습니다. 기후클럽은 회원국들이 탄소의 양에 가격을 정하고 배출한 양만큼 비용을 지불하는 개념입니다. 기후클럽에 가입하지 않은 나라에서 물건을 수입하는 경우 이산화탄소 배출 벌금을 더해서 관세를 부과합니다. 노드하우스 교수는 이산화탄소 배출량이 줄어들지 않는 이유로 무임승차를 꼽았습니다. 곧 이산화탄소 배출량을 줄이기 위해 노력하는 나라가 있는 반면, 여전히 많은 나라가 기후위기와 상관없이 이산화탄소를 마구 배출하고 있기 때문에 이산화탄소 배출량이 줄지 않는다는 것입니다. 이후 독일을 필두로 기후클럽이 만들어졌고, 유럽연합European Union, EU에 물건을 수출하는 국가는 기후클럽에 가입하거나 탄소세를 내야 합니다. 2023년 12월에는 우리나라를 포함해 36개국이 가입한 기후클럽이 출범했습니다.

이처럼 전 세계에서는 물보다 싸게 판매되는 화석연료에 탄소금융 개념을 도입함으로써 기후변화에 대한 책임을 사용자에게 부과하려고 시도하고 있습니다. 이러한 노력이 성공적으로 정착된다면 이산화탄소 배출로 인한 온실가스 문제는 일시적으로나마 해결될 것으로 판단합니다. 그러나 이는 이산화탄소 배출을 억제하기 위해 도입한 규제일 뿐 지구온난화 문제의 근본적인 해결책은 아닙니다. 이산화탄소 배출량을 줄이는 것만이 문제의 정답은 아니기 때문입니다.

탈탄소에너지를 찾아서

이산화탄소를 필연적으로 배출하는 화석연료 의존도를 낮추기 위

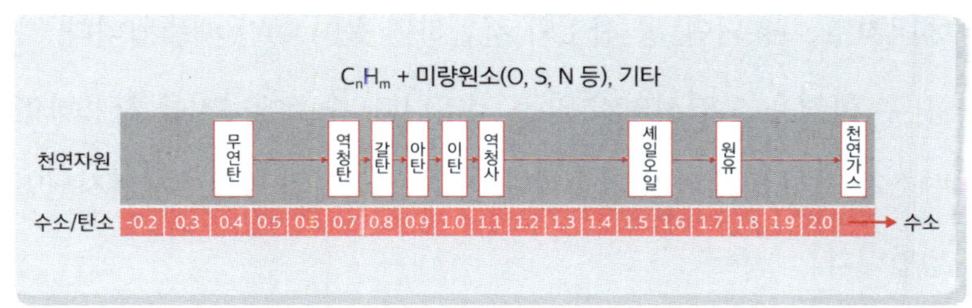

수소와 탄소 비중으로 설명하는 에너지 활용기술의 진보

해 인류는 다양한 방법을 찾고 있습니다. 그중 하나가 탄소경제에서 수소경제로 이동하는 것입니다.

수소경제란 수소를 주 에너지원으로 사용하는 것입니다. 곧 운송, 제조 등 전 영역에 수소에너지를 이용하는 세상입니다. 수소가 궁극적으로 친환경에너지원이 될 것이라는 예측에는 대부분의 학자가 동의합니다. 수소를 친환경에너지로 보는 이유는 우리가 사용하는 에너지의 분자 구조를 보면 알 수 있습니다.

위의 그림에서 오른쪽으로 갈수록 좀 더 친환경적인 에너지입니다. 이 연료들의 가장 큰 차이는 수소와 탄소의 비중입니다. 그동안 인류의 역사를 살펴보면 탄소 비중은 좀 더 낮고 수소 비중이 더 높은 에너지원을 사용하는 방식으로 에너지효율을 높여 왔습니다. 석탄은 나무보다, 석유는 석탄보다, 천연가스는 석유보다 탄소 비중이 낮고 수소 비중이 높습니다. 모든 에너지는 산소와 결합해 거대한 힘을 냅니다. 수소(H) 역시 산소(O)와 결합해 연소됩니다. 수소는 에너지로 이용되면, 곧 산소와 결합하면 물(H_2O)만 배출됩니다. 사용 후 환경을 오염시키지 않는 것입니다. 수소에너지를 사용하면 탄소가 전혀 발생하지 않습니다. 진정한 의미의 탈탄소에너지원인 셈입니다.[3]

우리가 연료로 사용하는 에너지들에는 탄소가 포함되며, 탄소의 양이 많을수록 천천히 연소됩니다. 예를 들어 자동차에서 매연이 나오는 이유는 불완전연소가 일어나기 때문입니다. 탄소의 비중이 휘발유보다 높은 나무는 더 많은 연기를 내뿜습니다. 반면 탄소가 전혀 섞이지 않은 수소연료는 가볍고 빠르게 연소됩니다. 그래서 폭발할 경우, 작은 불에서 점점 큰 불로 번지는 것이 아니라 단번에 크게 터집니다. 배기가스가 없기 때문에 친환경적이지만 폭발한다면 매우 위험할 수 있습니다. 물론 우리가 에너지로 사용하는 모든 물질은 강력한 힘을 발휘하며 그 힘만큼 저마다 위험이 있다는 것을 염두에 두어야 합니다.

수소경제의 가능성은 스웨덴에서 처음 화석연료 대신 수소를 사용해 생산한 수소환원제철에서 시작되었습니다. 스웨덴에서 수소환원제철이 시작된 이유를 제대로 이해하려면 유럽의 산업 구조를 알아야 합니다. 제조나 제철은 대표적으로 이산화탄소를 많이 배출하는 산업이지만, 유럽은 제조업 경쟁력이 낮은 나라입니다. 곧 유럽에는 제조 공장이 별로 없고 제철소도 없습니다. 이탈리아, 독일,

프랑스 등은 자동차로 유명하지만 이를 만들기 위한 철강을 중국 등에서 수입합니다(이 때문에 유럽이 기후클럽에 가입하면 유리하지만 중국은 불리하겠지요).

현재 탄소세를 부과하는 유럽에 새로운 제철소를 세우려면, 국가에서 탄소에 부과하는 탄소세나 탄소권배출권이 비싸기 때문에 이 비용을 들여 만드는 철강은 비싸질 수밖에 없으며 결국 세계 시장에서 가격 경쟁력이 낮아집니다. 또한 유럽에서는 공해물질 배출을 매우 엄격하게 규제하기 때문에 이 지역에서 생산하는 철강의 가격이 비쌀 수밖에 없습니다. 예를 들어 질소화합물 배출 규제 기준에 A국가는 1,000피피엠이고 B국가는 10피피엠이라면, B국가의 기업들은 동일한 제품을 생산하기 위해 A국가보다 더 많은 비용을 공정에 투입해야 합니다. 유해물질 배출과 처리를 위한 공정과 비용이 추가되는 것입니다. 그러다 보니 제품 가격은 비싸집니다.

그런데 스웨덴이 이산화탄소를 거의 배출하지 않는 방식으로 철강을 제조하는 데 성공했습니다. 스웨덴의 전력 대부분은 수력발전을 통해 생산합니다. 스웨덴은 수력으로 만든 전기에너지를 이용해 추출한 수소에너지로 철강을 제조하는 데 성공한 것입니다. 철강을 만드는 데 수소를 활용했고 수소를 만드는 과정에서도 수력발전을 이용했기 때문에 이산화탄소를 거의 배출하지 않을 수 있었습니다.

모든 나라가 당장 이 모델을 따라 하면 좋겠지만 그건 매우 복잡한 문제입니다. 스웨덴의 지리적, 산업적 특성 때문입니다. 스웨덴에는 철광석 원석이 많이 매립되어 있으며 자국 내에는 제조 공장이 별로 없기 때문에 철 소비량도 많지 않습니다. 자국에서 쓰는 약간의 철을 자급자족할 수 있는 수준인 것입니다. 그러나 철강을 만들고 이를 이용한 제품을 만드는 제조와 제철이 주요 산업인 우리나라나 중국의 경우, 수소환원 방식으로 당장 바꿔야 한다면 산업을 유지할 수 있을까요? 제철에 필요한 수소를 안정적으로 공급하는 데도 많은 비용이 들 것이기에 현실적인 한계가 있습니다.

이러한 어려움에도 우리나라를 포함한 많은 국가에서 수소경제로 일부 전환하기 위해 노력하고 있습니다. 서울 같은 도시에서는 수소연료를 이용한 대중교통을 운행하고 있습니다. 수소는 에너지로 이용하면 물이 발생하기 때문에 배기가스가 발생하는 화석연료에 비해 깨끗합니다. 또한 같은 무게의 휘발유보다 3배나 강한 에너지를 냅니다. 수소는 우주의 75퍼센트를 차지하는 기체이므로 어디서나 얻을 수 있습니다. 우리나라처럼 화석에너지를 수입에 의존하는 나라에게는 좋은 기회가 될 수 있습니다.

수소경제로 전환하려면 수소를 안정적으로 공급해야만 합니다. 병원의 심장박동기에 공급되는 전기가 끊기고 교통이 마비되는 값비싼 비용을 치르지 않으려면 말입니다. 하지만 현재의 과학기술로는 환경을 파괴하지 않는 그린수소를 생산하는 것이 어렵습니다.

최근에도 수소 공급에 차질이 생겨, 수소자동차를 이용하는 사람들이 충전소에서 오랜 시간 줄을 서서 기다리는 일이 벌어지기도 했습니다. 그래서 수소를 안정적으로 공급하기 위해 다양한 노력을 하고 있습니다.

전통적으로 수소는 물을 전기분해하거나 석탄을 고온으로 가열해 분해하는 방법으로 생산했습니다. 이 때문에 수소경제가 미래 기술로 주목받았을 때, 국내 대기업 회장단들이 포항제철소에 모이기도 했습니다. 제철소에서는 철광석에서 1그램의 순수한 철을 얻기 위해 석탄 1그램을 태웁니다. 제철소는 이 공정에서 석탄을 열분해해 코크스^{cokes}라는 특수한 탄소 덩어리 연료로 만들어서 사용합니다. 코크스는 석탄에서 수소를 제거하고 탄소만 남긴 덩어리입니다. 이렇게 석탄이 분해되는 과정에서 대량의 수소가 부산물로 발생하는데, 국내에서 에너지로 사용되는 수소의 상당 부분을 차지합니다. 다시 말해 지금 우리가 쓰는 수소에너지의 상당량을 화석연료의 부산물로 얻고 있으며 이 과정에서 배기가스가 배출됩니다.

또 풍력발전 과정에서 버려지는 전력을 활용해 수소를 생산하는 방법도 있습니다. 하지만 풍력발전 자체도 이제 막 시작하는 단계고 기반 시설을 구축해 발전기를 제작하고 유지하는 데 자원이 많이 소모되는 편입니다. 게다가 현재의 기술로는 안정적으로 수소에너지를 공급하기가 힘듭니다. 물을 전기분해해서 수소를 얻는 방법에도 화석연료를 써야 합니다. 현재 대부분의 전기에너지를 화석에너지로 만들기 때문입니다. 천연가스에서 수소를 추출하는 것 역시 천연가스에 포함된 메탄을 분해하거나 이산화탄소를 추출해야 합니다. 다시 말해 이 방법을 적용하면 메탄과 이산화탄소가 공기 중에 배출되는 것입니다.

암모니아를 활용해 수소를 생산할 수도 있습니다. 하지만 암모니아 자체를 생산하는 공정에는 세계에서 쓰는 모든 에너지의 3퍼센트를 소모할 만큼 에너지가 많이 필요합니다. 암모니아를 옮긴 다음 수소로 전환하는 방식을 채택하면, 가벼운데도 부피가 큰 수소를 수송해서 가공할 때보다 편리하지만 에너지효율은 낮은 편입니다. 미생물을 활용해 수소를 생산하는 방법도 있습니다. 여러 미생물이 수소를 생산하며, 특히 심해에서 추출한 미생물은 매우 효율적으로 수소를 생산합니다. 하지만 마찬가지로 얼마나 대량으로 바이오수소를 생산할 수 있는지는 아직 확실하게 알 수 없습니다.

이산화탄소를 배출하지 않고 수소를 보다 쉽게 얻어내는 방법이 아예 없는 건 아닙니다. 말도 많고 탈도 많은 원자력을 활용한 수소 생산입니다.[4] 원자력을 이용하면 플루토늄이나 우라늄이 핵분해를 일으키는 과정에서 에너지가 발생하므로, 이산화탄소와 배기가스는 전혀 발생하지 않습니다. 또한 원자력발전은 에너지 중에서 비용은 가장 적게 들면서도 가장 많은 에너지를 만들어내는데, 한번 반응하면 제어하기 힘들기 때문에 잉여전기가 발생합니다. 원자력 발전소에서 남는 전기와 열에너지를 이용해 물을 분해하면 다량의 수소를 생산할 수 있습니다. 원자력에 대한 불신만 지울 수 있다면 가장 현실적인 방법입니다.

환경오염, 에너지 고갈 등 인류가 어려움에 직면해 있는 것은 사실입니다. 이를 해결하기 위해 다양한 방안을 모색해야 합니다. 그런데 앞에서도 말했듯 원자력에너지가 위험하다며 기피하기만 한다면 원자력에너지를 잘 다루는 방법을 습득하기 어렵습니다. 원자력에너지에 대한 연구는 지금 이 순간에도 이뤄지고 발전하고 있습니다. 그 결과 미량의 혁을 원료로 사용하는 핵추진 함공모함 등 원자력을 이용한 소형 장비는 이제 어느 정도 인간이 안정적으로 관리할 수 있습니다. 원자력은 매우 위험하지만 그로 인해 얻는 이익이 크기 때문에 원자력 산업 인력과 전문가를 유지할 필요성이 꾸준히 논의되고 있는 것이지요.

이처럼 현실적인 제약으로 인해 현재의 탄소 기반 경제를 수소경제로 전면 전환할 수는 없습니다. 그러나 스웨덴이 자국의 우리한 여건을 이용해 수소환원제철 기술을 상용화하고 우리나라에서는 제철 과정에서 나오는 수소를 추출해 자동차의 연료로 이용하듯, 앞으로 탄소 의존도는 낮아지고 수소에너지 사용이 점점 늘어나기를, 궁극적으로는 탄소 배출량이 0에 이르기를 기대해봅니다.

나는 합리적으로 옷을 사는 사람일까?

리사이클링섬유가 유행하는 지금

저는 현재 환경공학 분야에 몸담고 있지만 학부에서 대학원까지 화학공학을 전공했습니다. 그래서 기업이나 스타트업의 친환경 소재 개발이나 제품 개발에도 관여하고 있습니다. 최근 들어서는 친환경 제품이나 신소재 개발을 요청하는 기업이 많아졌습니다. 그런데 기업 담당자들과 이야기하다 보면 '진짜 친환경 소재인가?'보다는 '소비자들을 매혹시킬 마케팅 콘셉트가 있는가?'에 더 관심이 있다는 느낌이 들 때가 있습니다. 연구자로 첫발을 뗀 지 얼마 안 됐을 때는 기업 이미지 제고 때문에 친환경 소재를 찾는 모습을 보면 실망하기도 했습니다.

요즘에는 그런 상황이 예전처럼 불편하지만은 않습니다. 어떤 기업에서 친환경 제품(실제로 친환경이든 아니든)을 출시했는데 그 제품이 인기를 끈다면 기업들은 친환경 소재 개발에 더 많은 비용을 투자할 것입니다. 그러면 보다 다양한 분야의 연구자가 각기 다른 시도를 할 수 있게 됩니다. 결과적으로는 질이 좋은 친환경 소재를 개발할 가능성이 높아집니다. 또한 전반적으로 친환경 제품의 수준도 높아질 테니 무조건 나쁘다고 볼 필요가 없다는 걸 깨달았습니다.

변화는 곳곳에서 나타나고 있습니다. 2022년 한국섬유산업연합회에서 조사한 결과에 따르면 옷을 구입할 때 브랜드의 윤리적인 태도를 고려한다고 답한 사람이 과반수를 넘었고, 응답자들이 가장 중요하게 생각하는 윤리 영역은 기업이 친환경적인 활동을 하는가 여부였습니다.[1] 이를 방증하듯 최근 의류 매장에는 '리사이클링recycling섬유' 태그를 붙인 의류가 크게 늘었습니다. 리사이클링섬유로 만든 상품 수와 평범한 소재로 만든 상품 수가 거의 비슷한 브랜드도 많습니다. 하지만 소비자의 관심이 커진 만큼 '친환경' '천연'을 내걸었지만 실제로는 전혀 친환경적이지 않은 제품도 많은 점이 아쉽습니다. 그래서 여기서는 환경주의자들이 기업의 친환경 마케팅 전략에 속지 않는 법을 본격적으로 살펴보고자 합니다.

플라스틱을 입고 있습니다

먼저 섬유의 종류부터 알아봅시다. 섬유는 크게 천연섬유와 합성섬유로 나눌 수 있습니다. 천연섬유는 목화, 가축의 털, 식물 등에서 추출한 재료로 만든 섬유를 말하며 대표적으로는 면, 리넨linen(마),

모, 울wool, 실크silk가 있습니다. 면은 목화솜을 실로 만든 뒤 직조한 것으로 전 세계적으로 가장 흔한 천연섬유이며 티셔츠나 청바지의 주재료입니다.

합성섬유는 인공적으로 만들어진 섬유로, 화학 공정을 통해 원료를 합성합니다. 화학기술이 발달하기 시작한 1800년대부터 개발되었으며 대표적으로는 폴리에스터polyester, 나일론nylon(폴리아미드polyamide) 등이 있습니다. 합성섬유는 소재에 어떤 원료를 섞는가에 따라 더 튼튼하고 기능적으로 만들 수 있다는 장점이 있습니다. 올이 잘 나가지 않거나 방수 기능이 있도록 말입니다. 천연섬유도 요즘에는 대부분 합성섬유와 섞어 사용합니다. 예를 들어 청바지는 대부분 면으로 만들지만 면은 소재 특성상 신축성이 적기 때문에 불편할 수 있습니다. 따라서 면에 폴리에스터 같은 합성섬유를 일부 섞어 면의 부드러움에 신축성도 갖출 수 있도록 만듭니다.

이런 합성섬유들의 주요 원재료는 주변에서 흔히 보는 생수병을 만들 때 쓰는 플라스틱과 동일한 소재입니다. 정유사는 수입한 원유를 가열해 LPG, 휘발유, 경유 등을 추출합니다. 이 과정에서 남은 찌꺼기는 아스팔트로 활용합니다. 이때 원유를 가열하는 온도에 따라 추출되는 물질이 다릅니다. 휘발유 다음으로 추출되는 나프타naphtha는 사람들의 일상을 책임지는 다양한 물건으로 만들 수 있습니다. 흔히들 플라스틱이라고 말하는 합성수지, 옷이 되는 합성섬유, 타이어 등이 있으며, 지금 우리가 사용하는 물건 중 70퍼센트가 바로 나프타에서 추출한 원료로 만들어집니다. 페트^{polyethylene terephthalate, PET}라는 소재 역시 나프타를 가공해 생산하는데, 페트를 단단하게 만들면 생수병으로 쓰는 페트병이 되고, 가늘게 만들어 직조하면 폴리에스터섬유가 됩니다. 곧 폴리에스터섬유는 플라스틱이라고 생각하면 됩니다. 아크릴^{acrylic} 섬유, 폴리아미드섬유도 플라스틱입니다. 이런 섬유조직은 마치 라면과 같습니다. 가느다랗고 긴 섬유가 하나로 뭉쳐져 있는 듯 보이지만 라면에 힘을 가하면 부스러기가 생기는 것처럼, 섬유에 마찰이 생기면 섬유 조각이 부서져 흩어집니다. 그렇다 보니 섬유가 만들어지는 과정에서는 물론, 그 옷을 입고 버릴 때 배출되는 옷 조각과 먼지가 모두 미세플라스틱이 됩니다.

전 세계에서 1년에 생산되는 옷이 약 1,000억 벌입니다. 이 중에 화학섬유로 만들어진 옷은 대략 60퍼센트 정도입니다. 우리 옷장에 있는 옷의 60퍼센트에는 플라스틱 소재가 섞여 있다는 의미입니다. 옷은 만들어질 때뿐 아니라 우리가 입고 생활하는 중에도 지속적으로 닳고 헤지며 먼지를 발생시킵니다. 건조기를 사용한다면 한 번 세탁할 때마다 얼마나 많은 먼지가 거름망에 걸러지는지 눈으로 확인할 수 있을 겁니다. 그 먼지 중 60퍼센트가 플라스틱 부스러기인 셈입니다.

한 연구 결과에 따르면 가정용 세탁기로 의류를 1킬로그램 세탁할 경우, 섬유 종류에 차이는 있지만 미세섬유가 64만 조각에서 150만 조각 정도 배출되는 것으로 조사됐습니다.[2] 합성섬유에서 발생한 미세플라스틱 중 일부는 바다로 흘러가는데, 이는 플랑크톤이나 어류의 몸에 축적되어 결국 최상위 포식자인 우리 몸으로 들어옵니다. 2017년 세계자연보전연맹International Union for Conservation of Nature and Natural Resources, IUCN의 조사 결과에 따르면, 바다에 떠다니는 미세플라스틱 중 약 35퍼센트가량은 합성섬유에서 발생한 것으로 추정됩니다.[3]

누에고치에서 뽑은 원사를 직조해 만든 실크 옷은 환경을 거의 파괴하지 않지만 가격이 비싸서 아무나 입을 수 없습니다. 1935년 듀폰의 과학자 월리스 캐러더스Wallace Carothers가 실크와 화학식, 분자구조가 유사한 섬유를 발명했습니다. 아름다운 광택과 색감 표현에 용이한 데다 튼튼하기까지 한 실크는 섬유로 직조되기까지 많은 비용이 들어 그전까지는 부유층의 전유물이었으나 이때부터 대중들도 실크와 비슷한 천으로 옷을 만들어 입을 수 있게 되었습니다. 바로 나일론입니다. 나일론은 생산 공정이 점차 발달하며 다양한 제품에 이용되기 시작했습니다. 평범한 사람들도 스타킹, 스카프 등을 싼 값에 살 수 있게 되었으며 낙하산, 어망, 비닐 등 다양한 소재로 사용되고 있습니다.

나일론은 실크와 거의 쌍둥이처럼 비슷합니다. 그 특징 중 하나는 '오래간다'는 것입니다. 실크는 매끄러운 소재 특성상 거친 면에 닿으면 보풀이 일거나 올이 나갈 수 있지만, 거의 변색되지 않고 오랜 시간이 지나도 잘 삭거나 헤지지 않습니다. 실크가 고급 소재로 각광받은 이유이기도 합니다. 이는 옷을 입는 인간에게는 좋은 섬유의 조건이지만, 자연에게 매우 좋지 않은 특성입니다. 잘 분해되지 않는 소재가 환경에 도움이 될 리가 없습니다. 실제로 실크의 이러한 특성을 닮은 나일론으로 만든 어망 같은 어구는 영구히 사용할 수 있다면 좋겠지만 바닷속에서 뭔가에 걸려 찢어지거나 파도에 쓸려내려가는 경우가 많습니다. 이런 나일론 어구들은 바닷속에서 분해되지 않아 해양 생태계 파괴의 한 원인이 되고 있습니다.

그러면 천연섬유로 만든 옷은 닳지 않을까요? 면, 모, 울, 레이온rayon 같은 천연섬유도 닳아서 먼지가 발생합니다. 이런 소재에서 나오는 미세먼지는 탄수화물이나 단백질 결정으로 이뤄져 있지만, 이는 지구의 오랜 역사 동안 자연계에 존재하던 물질이었으므로 환경에 별다른 영향을 주지 않습니다. 하지만 합성섬유는 석유화학이 발달한 최근에 만들어지기 시작한 것이라 지구와 지구에 사는 생명체에게 어떠한 영향을 끼칠지 아직 알려지지 않았기 때문에 환경 연구자들이 우려하는 대상입니다. 특히 플라스틱 자체보다 플라스틱의 특성을 바꾸는 다양한 첨가물이 문제입니다. 더욱 단단하게 만들거나 유연하게 만들기 위해 넣는 첨가물들이 암이나 알레르기 반응을 일으킬 가능성이 있습니다. 그러면 천연섬유는 안전하니 많이 사용해도 될까요?

천연섬유가 안전하다는 착각

피부가 여린 갓난아기가 입는 의류는 주로 면 100퍼센트 소재로 만들기 때문에 비쌉니다. 대표 천연섬유인 면은 부드럽고 따뜻하다는 특징이 있습니다. 식물인 목화에서 얻은 솜으로 만들기 때문에 친환경적인 섬유로 보이지만 1킬로그램의 목화솜을 만드는 데 2만 리터가 넘는 물이 소비됩니다. 또 목화솜으로 섬유를 만드는 과정에서 표백을 하는데, 이때 암을 비롯한 각종 질병을 일으키는 다이옥신이 발생할 수 있습니다. 수지가공을 할 때는 섬유가 쭈그러들지 않도록 독성이 매우 강하다고 알려진 포름알데히드^{formaldehyde}를 사용하기도 합니다.

이 과정은 사람의 욕심 때문에 더욱 환경을 파괴하고 인류의 안전을 위협할 수도 있습니다. 1950년대 구소련 정부는 경작지를 대규모로 개간하기 위해 현재 아프가니스탄, 카자흐스탄, 우즈베키스탄을 아우르는 지역을 선정했습니다. 아프가니스탄에서 우즈베키스탄으로 흐르는 아무다리야강과 키르기스스탄에서 카자흐스탄으로 흐르는 시르다리야강은 중앙아시아에서 가장 긴 강으로, 여기에 댐을 짓고 그 물을 농사에 이용하면 건조한 지역에서 농사를 지을 수 있다고 본 것입니다. 특히 투르크메니스탄으로 이어지는 세계에서 가장 긴 운하를 건설해 사막이 70퍼센트인 이 지역을 농경지로 탈바꿈시키고 싶어 했습니다. 이오시프 스탈린^{Iosif Stalin}이 사망한 후 건설이 잠시 중단되기도 했지만 착공한 지 30여 년 만에 완공된 카라쿰운하 덕분에 투르크메니스탄의 사막 지대는 면화 농장으로 변했습니다. 사막에 물이 흐르자 투르크메니스탄은 2011년에 세계 9위 면화 생산국이 되었습니다.

그러나 카라쿰운하와 강 주변의 농업용수로 강물을 이용하면서 아무다리야강과 사르다리야강이 모여드는 아랄해에 큰 변화가 생기기 시작했습니다. 대륙 중간에 있는 거대한 호수인 아랄해는 끝없이 넓어 옛사람들은 바다라고 생각하기도 했습니다. 이렇게 거대한 호수가 말라붙는 데는 오랜 시간이 걸리지 않았습니다. 아랄해의 크기는 1/10로 줄어들었고 물이 말라붙은 자리는 아랄쿰사막이라는 새로운 이름을 얻었습니다. 아랄해의 비극이라고 불리는 사건입니다. 아랄해는 단순히 외양만 변한 것이 아닙니다. 세계에서 네 번째로 큰 염호였던 아랄해의 물이 증발하면서 건조한 소금이 바람을 타고 카자흐스탄과 우즈베키스탄으로 날아가 농업을 망가뜨렸습니다. 그리고 아랄해 남쪽 해안에 위치한 카라칼팍스탄의 어린이 사망률을 끌어올려 1989년에 카라칼팍스탄은 어린이 사망률 1위 지역이 되기도 했습니다. 염도 높은 물 때문에 신장어 이상이 생기고 염분에 섞여 있던 중금속이 사람들의 건강에 해를 끼친 결과입니다. 80억 명의 인구가 천연섬유를 넉넉하게 사용하려면 물과 비료를 안정적으로 공급해야 하지만 이 문제를 해결하기 위해서는 신중하게 접근해야 한다는 사실을 이 사례를 통해 뼈아프게 배웠습니다. 그러지 않으면 그 피해는 사람과 환경 모두에게 재앙으로 돌아오며, 특히 아랄해의 비극처럼 가난한 사람들이나 취약계층에 심각한 영향을 끼칩니다.

다시 섬유 이야기로 돌아가봅시다. 단단한 물질들은 크게 세 가지로 나눌 수 있습니다. 철이나 알루미늄 같은 금속, 시멘트나 유리 같은 세라믹 그리고 고분자입니다. 고분자란 분자량이 1만 이상긴 큰 분자를 말하는 것으로 고체뿐 아니라 다양한 형태로 존재합니다. 우리가 살아가는 데 필요한 탄수화물과 단백질도 고분자이겨, 화장품의 재료인 히알루론산^{hyaluronic acid}, 일상생활에서 쓰는 고무, 플라스틱 등도 고분자입니다.

셀룰로스^{cellulose}는 포도당이 결합해 만들어진 고분자이며 목화솜은 바로 이 셀룰로스로 만들어져 있습니다. 셀룰로스는 나무에서도 추출됩니다. 다만 나무의 경우, 리그닌[lignin]이라는 화합물과 헤미셀룰로스[hemicellulose]라는 다른 형태의 셀룰로스 등 불순물이 섞여 있어 보송한 목화솜과 달리 거칠고 단단합니다. 이러한 나무의 껍질을 벗겨낸 다음, 엄청난 양의 화학물(주로 몸에 해로운 이황화탄소)로 처리해 섬유로 가공합니다. 이것이 바로 인견, 곧 레이온입니다. 레이온은 주성분이 면과 동일한 셀룰로스라 천연섬유로 분류되지만 섬유로 만들 때 처리하는 여러 약품이 문제가 됩니다. 환경에도 나쁜 영향을 끼치지만 가장 큰 문제는 만드는 과정에서 나타나는 유독성입니다.

원진레이온 사건은 섬유 가공 과정에서 얼마나 유독한 물질이 발생하는지를, 피해자들의 고통을 통해 세상에 알린 최악의 사건입니다. 1960년대 일본에서 수입한 기계로 레이온 제조를 시작한 원진레이온은 1988년 당시 종업원 1,500명이 일하는 중견기업이었습니다. 펄프에 이황화탄소, 황화수소, 황산 등을 써서 레이온을 만드는데, 작업자들이 유기용제인 이황화탄소에 노출되는 작업 공정이 특히 문제였습니다. 공장 직원뿐 아니라 공장이 있던 마을 주민들이 이유 없이 쓰러지고 사망했으며, 자살하는 사람도 급증했습니다.

이황화탄소에 노출되면 두통이나 현기증을 느끼는데, 높은 농도의 이황화탄소 가스를 마시면 의식을 잃거나 호흡곤란 증세가 나타나고 심한 경우 간질이나 마비 증세를 겪기도 합니다. 망상이나 환각 같은 정신장애를 일으키기도 합니다. 원진레이온 공장의 피해자로 추산된 사람은 950명에 달하며 사망자는 308명에 이릅니다. 1993년 우리나라에서는 공장이 문을 닫았지만, 이 공장은 중국 랴오닝성 단둥시의 국영 화학섬유총공사에 팔렸으며 우리가 알지 못하는 새로운 비극이 일어날 가능성도 있습니다.

레이온 공장은 해체와 재조립이 쉽도록 만들어져 있다 보니, 생산 공장이 선진국에서 후진국으로, 다시 더 가난한 나라로 이동하고 있습니다. 원진레이온의 기계도 원래는 미국에서 사용하다가 노동자의 건강문제가 발생하자 일본으로 수출되었고, 우리나라로, 그 다음에는 중국으로 이동했습니다. 지금은 많은 공장이 동남아시아 국가들에 자리를 잡고 있습니다. 인건비가 싸기 때문이기도 하지만 규제를 피하기 위해서이기도 합니다. 그 결과 짜장면값이 20년 동안 10배 올랐지만 양말값은 제자리일 수 있었습니다. 이처럼 제조업에서 생산 환경을 개선하기보다 값싼 가격을 유지하기 위해 국경을 넘어 이동하는 현상을 '공해 수출'이라고 합니다.

레이온은 염색이 쉽고 저렴해 수요가 많습니다. 그만큼 가난한 나라 노동자들의 위험이 커집니다. 이미 미국, 일본, 우리나라에서 같은 희생자가 나온 만큼 제조 공정이 안전해질 수 있도록 공장 환경과 기계를 개선해야 합니다. 환경과 인권을 관리감독하는 UN 같은 국제기구들이 이런 공장 환경에 주목하면서도 한 국가의 정책에는 관여할 수 없어 적극적으로 대응하지 못하는 것이 현실입니다. 환경을 위해서는 전 세계 국가들이 모여 좀 더 구체적으로 협의해야 하고 제조 공정과 공장의 위험한 여건을 적극적으로 규제해야 합니다.

이처럼 천연섬유로 만든 옷 역시 공장에서 대량생산할 때는 기계를 돌리며 발생하는 이산화탄소와 세정제, 섬유 가공 과정에서 사용되는 화학물질에서 발생하는 오염, 공정 중에 버려지는 가축 폐기물도 어마어마하게 늘어나 친환경에서 멀어집니다. 인간이 손으로 직접 만들 때는 잘 다듬어서 충분히 사용할 수 있는 B급 재료의 경우 경제성 때문에 대량생산 공정에서는 쓰지 않으므로 폐기물도 늘어납니다. 아무리 천연섬유라 해도 요즘처럼 대량생산으로 옷을 만드는 상황에서는 환경에 좋은 옷감이 거의 없습니다.

패션업계에서 환경에 피해를 끼친다는 인식이 높아지자 나름의 자정 활동이 이뤄지고 있습니다. 에코백을 이용하는 것이 유행한 것처럼요. 최근 2~3년 사이 패션업계에 새롭게 등장한 단어로는 '비건레더vegan leather'가 있습니다. 식물성 음식 외에는 먹지 않는 '비건vegan'이라는 단어에 가죽을 뜻하는 '레더leather'를 결합한 이 단어는, 동물의 가죽이 아닌 인조가죽을 통칭하는 단어입니다.

비건레더라는 단어가 등장한 데는 동물권을 보호하려는 사회적 흐름도 한몫했습니다. 한때는 부유함의 상징으로 여겨지던 밍크코트를 많은 사람이 갖고 싶어 했습니다. 하지만 윤기가 흐르는 털가죽을 얻기 위해 산 채로 밍크의 가죽을 벗기는 영상이 SNS에 공유

되고, 동물 권익 보호에 대한 사람들의 목소리가 커지며 인기를 잃어갔습니다. 패션업계는 이런 흐름에 발맞춰 '페이크퍼fake fur'라는 명칭으로 인조털 외투를 판매했습니다. 한편 오랫동안 인류가 애용하던 소가죽, 양가죽 등 천연가죽도 동물 보호 단체의 기피 대상이 되었습니다. 그 틈새에서 '비건레더'가 등장한 것입니다.

보편적으로 사용하는 천연가죽은 소, 돼지, 양 등 동물의 피부로 만든 것입니다. 그렇다면 천연가죽은 얼마나 환경을 파괴할까요? 18세기 무렵까지 미국 중부에는 약 6,000만 마리의 야생 들소인 버펄로가 살았습니다. 원래 미국 땅에 살던 원주민들은 버펄로를 잡아먹거나 가죽으로 옷이나 텐트를 만들었지만 개체수에 영향을 줄 만큼 마구잡이로 사냥하지는 않았습니다. 그러나 미국의 개척 시대가 시작되며 상황이 달라졌습니다. 새로 정착한 미국인들은 철도를 놓고 집을 짓는 등 땅을 개발하기 위해 아니면 그냥 재미로 버펄로를 잡았습니다. 또한 당시 짓고 있던 공장의 주요 부품이나 빌트로 버펄로 가죽을 사용하면서 마구잡이로 잡아들였습니다.[4] 이로 인해 20세기 초에는 버펄로의 개체수가 500마리 수준까지 급감했다가, 이후 적극적인 보호 활동을 벌여 현재는 약 35만 마리가 미국에 살고 있다고 합니다. 적극적인 보호 활동뿐 아니라 질기고 값싼 가죽을 생산할 수 있는 인조가죽 기술의 발전 또한 야생동물의 무분별한 학살을 막는 데 큰 도움을 주었습니다.

그러나 환경에 끼치는 영향은 또 다른 문제입니다. 비건레더라 이름 붙은 인조가죽을 사용하면 마치 환경보호운동에 동참하는 듯한 느낌이 듭니다. 비건으로 사는 것, 곧 고기 대신에 콩을 먹거나 식물성 대체육을 먹는 것은 이산화탄소 배출량 감소에 도움이 된다는 점에서 친환경적일 수 있어도 비건레더는 그렇지 않습니다. 비건레더는 플라스틱 소재로 만들어져 환경에서 잘 분해되지 않습니다. 또한 비건레더든 천연가죽이든 가죽에 색을 입히는 염색물질은 일반적으로 친환경적이지 않습니다. 게다가 폴리염화비닐^{polyvinyl chloride, PVC}을 원료로 만든 인조가죽은 단단한 물성을 부드럽게 만들기 위해 가소제를 많이 첨가할 뿐 아니라 쉽게 빛이 바래지 않도록 분해되지 않는 화학물질을 다량 투입하므로 더욱 환경파괴적인 제품일 수밖에 없습니다(가소제는 사용이 금지되었습니다).

따라서 천연가죽과 비건레더를 비교해본다면 천연가죽이 그나마 친환경에 가깝습니다. 천연가죽은 동물의 단백질로 만들어졌기 때문에 버려도 다시 자연에서 완전히 분해가 되는 편이지만, 비건레더는 PVC나 폴리우레탄^{polyurethane} 등 합성 플라스틱 소재로 만들어 분해 속도가 매우 느립니다. 이러한 상황을 알아챈 많은 소비자가 대표적인 그린워싱으로 '비건레더'라는 단어를 꼽고 있습니다. 인조가죽에 비건레더라는 이름을 붙인 것에 지나지 않는다는 것입니다. 식품 분야의 비건운동은 환경친화적이지만, 의류 쪽 비건레더는 친환경성이 그다지 높지 않다는 점을 염두에 두면 소비할 때 조금 더 신중해질 수 있겠지요?

환경을 생각하는 측면에서는 비건운동과 친환경운동을 동일시하지 않고 구분할 수 있는 눈이 필요합니다. 소비자들은 확실히 '비건'이라는 단어를 보면 죄책감을 덜 느끼는 것 같습니다. 최근 석유화학회사의 인조가죽 영업을 담당하는 직원과 대화를 나누었는데, 비건레더라는 단어가 등장하면서 해당 부서의 매출이 증가했다고 합니다. 호랑이 가죽보다 더 분해되지 않는 것이 인조가죽인데도 말입니다. 자신이 동물의 복지를 중요하게 생각하는지 환경을 중요하게 생각하는지 정해야, 마케팅 문구만 보고 제품을 선택할 때보다 만족할 만한 선택을 할 수 있습니다. 동물의 복지가 반드시 환경 친화적인 선택과 일치하는 선택은 아니기 때문입니다.

리사이클링섬유는 왜 더 비쌀까?

소비자의 시선이 예리하게 변하고 있기에 기업도 재빠르게 대응하고 있습니다. 예전에는 거대 기업들만 일부 상품을 리사이클링섬유로 만들어 출시했는데, 최근에는 대부분의 매장에서 제품 20~30퍼센트에 리사이클링섬유로 만들었다는 태그를 붙이고 있습니다. 하지만 리사이클링섬유로 만든 옷들의 가격은 평범한 옷들과 비교해 볼 때 결코 저렴하지 않으며 더 비싼 경우도 있습니다.

먼저 리사이클링섬유는 무엇일까요? 리사이클링섬유를 만드는 방식은 합성섬유를 만드는 과정과 같습니다. 다만 석유에서 플라스틱 소재를 추출하는 방식이 아니라, 이미 사용하고 버린 페트를 재가공해 섬유를 뽑아냅니다. 나프타를 페트로 가공하는 과정이 단축되어 이산화탄소 배출량 저감 측면에서는 환경 부담을 줄인다고 볼 수 있습니다. 석유에서 합성섬유인 폴리에스터나 폴리아미드의 원재료인 디아민^{diamine}과 다이카복실산^{dicarboxylic acid}을 만드는 과정을 거치지 않으니 자연스레 탄소 배출량이 줄기 때문입니다. 그러나 미세플라스틱 배출 관점에서는 다릅니다. 페트에서 뽑은 폴리에스터나 나프타로 만든 폴리에스터나 같은 플라스틱이기 때문에 미세플라스틱은 똑같이 발생합니다.

리사이클링섬유가 비싼 이유는 무엇일까요? 우리나라의 한 의류회사에서는 리사이클링섬유의 소재인 재생플라스틱을 일본이나 대만에서 수입하기 때문이라고 대답했습니다. 우리나라에서는 아파트, 편의점, 관공서 어디를 가도 분리수거함이 비치되지 않은 곳을 찾기가 더 어려운데 왜 재활용 쓰레기를 수입해서 써야 할까요? 우리나라의 분리수거 방식에서 그 답을 찾을 수 있습니다.

리사이클링섬유 제작의 핵심은 순도 높은 폐플라스틱을 얻어내는 것입니다. 우리가 흔히 사 먹는 음료 페트병에는 최소 세 가지 플라스틱이 사용됩니다. 병 자체는 페트, 병을 감싸는 라벨은 폴리프로필렌polypropylene, 병뚜껑은 폴리에틸렌polyethylene 소재를 사용합니다. 또한 사이다병으로는 초록색을, 맥주병으로는 갈색 염료를 섞은 페트를 쓰기도 합니다. 하지만 분리수거를 할 때 많이들 뚜껑고 라벨을 제거하지 않으며 색깔을 분류하지도 않습니다. 이를 한데 모아 옷감의 원료로 사용하려면 순도가 떨어집니다. 이걸로 천을 만들 경우 품질이 일정하지 않을 확률이 높아집니다. 특히 패션업계는 심미적인 특성을 중요하게 여겨 색이 균일하고 순도를 유지하는 소재를 선호하기 때문에 이것은 문제가 됩니다.

대만과 일본에서는 투명한 페트병만 생산하고, 분리수거할 때 라벨과 뚜껑을 반드시 제거합니다. 이렇다 보니 리사이클링섬유를 제작하는 데 더없이 좋은 기본 소재로 사용할 수 있습니다. 하지만 우리나라는 리사이클링섬유를 제작하기 위해 순도 높은 재생플라스틱을 수입해 사용하는 기형적인 구조가 만들어졌고, 결국 비싼 리사이클링섬유가 탄생하게 된 것입니다. 이 순도 높은 재생플라스틱을 수입해 배와 육로로 이동하는 과정에서 연료가 사용되고 이산화탄소도 발생합니다. 이 때문에 리사이클링섬유로 옷을 만드는 과정에서 '환경을 위하는 것'이라는 본질이 지켜지고 있는지 의문을 가질 수밖에 없습니다.

이를 문제라고 의식한 음료 회사들이 라벨을 붙이지 않은 생수를 출시하고 있습니다. 그리고 이런 제품이 환경오염에 촉각을 세우고 있는 소비자들에게 호응을 얻고 있는 것은 좋은 현상입니다. 재생플라스틱을 수입하는 일이 곧 사라지기를 바라봅니다.

오래 입어야 친환경이 됩니다

단순히 몸을 가리기 위해 옷을 사는 경우는 드뭅니다. 우리는 필요해서가 아니라 유행에 따르거나 디자인이 마음에 들어서 옷을 구입하는 경우가 많습니다. 소비자들로 하여금 새 옷을 사고 싶도록 만들기 위해 패션업계는 다양한 시도를 하는데, 그중 하나는 의복에 색을 입히는 것입니다. 모두 흰색 또는 검정색 옷만 입는다면 더 많은 옷을 팔 수 없겠지요. 자신들이 판매하는 제품을 보다 아름답고 특별하게 보이기 위해 옷감에 염색을 하기도 하고 다양한 염료를 사용해 옷에 인쇄를 하기도 합니다.

이러한 후가공 기술은 점차 발달하고 있습니다. 후가공 기술이 발달한다는 것은 예전보다 덜 변색되거나 인쇄한 디자인이 벗겨지지 않는다는 의미입니다. 후가공의 핵심은 섬유에 들어 있는 플라스틱이나 염료가 분해되지 않게 하는 것입니다. 빛을 받아도 변색되지 않고, 세탁 과정에서 탈색되지 않도록 섬유에 다양한 물질을 첨가합니다. 가장 많이 사용하는 것은 '항산화제antioxidant'입니다. 우리가 항산화제로 비타민 C를 먹듯이, 플라스틱이나 염료의 분해를 막기 위해 옷감에 일부러 첨가하는 물질입니다. 섬유에 쓰는 항산화제는 환경에서 잘 분해되지 않으므로 환경친화적이지 않은 경우가 많습니다.

명품관에서 큰맘 먹고 산 옷의 생분해성이 좋아서 1년 만에 변색되고 2년 만에 로고의 색이 벗겨지는 걸 반가워할 소비자는 당연히 없습니다. 그러나 진정한 친환경 의류를 소비하고 싶고 그러한 생태계가 만들어지기를 원한다면, 시간이 흐름에 따라 옷감이 변색되고 로고 색이 벗겨지는 것이 환경 면에서는 아주 나쁘지 않은 일이라고 인식해야 합니다. 그래야 진정한 의미의 친환경 섬유가 시장에 자리 잡을 수 있을 것입니다.

하지만 이러한 인식이 생기기까지는 시간이 오래 걸릴 듯합니다. 그러면 당장 내일부터 어떤 기준으로 옷을 고르면 될까요? '유기농 소재'로 만들어진 옷을 '제값'을 주고 사야 합니다. 낙하산 천을 재활용해 상품을 만드는 경우가 있습니다. 재사용률을 높이고 천의 고유 색감을 살리려 특수 염색을 한다고는 하지만 결국 소재는 나일론과 폴리에스터입니다. 버려진 소재를 재사용한다는 측면에서는 긍정적이지만, 소재 자체가 환경에서 잘 분해되지 않는다는 사실을 알고 사용하면 좋을 듯합니다. 섬유 염색에 사용하는 염료가 환경에서 잘 분해되는지, 또 제조 과정에서 나오는 물질들이 생태계에 부정적인 영향을 주는지도 알아봐야 합니다.

또한 의류회사가 재생플라스틱을 가공한 리사이클링섬유 상품을 만들면 정부에서 일정한 액수의 보조금을 받을 수 있습니다. 기업으로 하여금 비싼 가격을 치르고 재생플라스틱을 수입해서 상품을 만들게 하는 하나의 요인입니다. 소비자는 정부의 보조금을 받고 세상에 출시된 의류를 비싼 가격에 사는데, 앞서 과정을 살펴본 것처럼 실제로는 환경에 큰 도움이 되지 않습니다. 그러나 소비자가 제값을 치를 준비가 되어 있다면 기업도 보조금을 받기 위한 반쪽짜리 리사이클링의류가 아니라 필요한 만큼만 제품을 개발해 판매할 수 있게 됩니다. 그렇게 하다 보면 불필요하게 환경을 오염시키는 일도 줄일 수 있을 겁니다. 소비자는 힘이 셉니다.

아무리 환경을 생각하더라도 옷의 구입을 극단적으로 줄이는 것은 현실적으로 매우 어렵습니다. 소비자들이 환경을 생각하는 의류기업들의 팬이 되는 이유이기도 하지요. 새 옷을 포기할 수 없으니 환경친화적인 의류를 소비하려고 노력합니다. 그런 의미에서 의류 브랜드 '파타고니아'의 행보에 주목합니다. 파타고니아는 2017년 4월, 상태가 좋은 상품을 반품하면 새로운 상품을 구입할 수 있는 크레디트credit를 주는 정책을 발표했습니다. '원웨어Worn Wear' 서비스를 통해 해진 옷을 수선하는 방법을 알려주기도 하고 직접 수선해주기도 합니다. 새 옷을 사지 말고 갖고 있는 옷을 오래 입자는 캠페인입니다. 또한 캠페인을 통해 총 매출의 1퍼센트를 환경단체에 기부하고 있습니다. 저는 최근 중고물품 거래 어플을 이용해 아이의 겨울 눈놀이를 위한 스키 바지를 구입했습니다. 이처럼 중고 의류를 구입하면 가격도 저렴하지만 확실한 친환경적 움직임에 동참할 수 있습니다. 게다가 단일 의류의 세탁횟수가 늘어날수록 미세플라스틱 배출량이 줄어들기도 하니 이미 여러 차례 세탁을 거친 중고 의류를 구입하는 것은 일석이조입니다

정리하자면 천연섬유든 합성섬유든 리사이클링섬유든 어떤 소재로 만든 옷을 구입하든 환경에 영향을 줍니다. 그러면 우리가 차선책으로 할 수 있는 일은 옷을 폐기하는 방법에 조금 더 신경 쓰는 것입니다. 헌옷을 수거할 때 '면과 레이온' '폴리에스터' '폴리아미드(나일론, 실크, 울)' '기능성 의류'로 구분한다면 이 소재들을 재활용하거나 처리하는 데 조금이나마 도움이 될 것입니다. 한편으로는 당연한 이야기일 수 있지만 빈티지패션vintage fashion이 지구를 살릴 것입니다. 가치 있는 옷을 오래 입는 것이 문화적 흐름이 되어야 합니다. 인류라는 존재는 필연적으로 온실가스를 배출하고 플라스틱을 여기저기 흩뿌리고 있습니다. 이를 피할 수는 없으니 할 수 있는 최선의 노력을 해야겠습니다.

나에게도 환경에도
좋은 식사법

음식과 환경의 긴밀한 관계

"식사했어요?"

친한 사람들을 만나면 안부 인사로 식사했는지 묻습니다. 먹는 것이 그만큼 우리 삶과 밀접하기 때문입니다. 우리는 보통 하루 두세 끼를 먹고 식후에는 커피 같은 음료도 마십니다. 중간중간 간식도 틈틈이 챙겨 먹곤 합니다. 요즘에는 먹기 편한 형태로 가공되어 나온 간식이 많습니다. 간식을 별로 즐기지 않는 편이지만, 요즘에는 단백질을 첨가하거나 당을 낮추는 등 건강까지 챙길 수 있을 것 같은 간식이 많아 더 쉽게 손이 갑니다. 코로나19가 확산된 이후로는 근거리 배송 서비스가 발달했고 그 덕분에 손가락 터치 몇 번으로 쉽게 음식을 배달시킬 수 있습니다. 또한 두부, 달걀 같은 신선식품도 온라인을 통해 값싼 배송료만 지불하면(심지어 무료일 때도 있습니다) 다음 날 새벽에 받아볼 수 있습니다. 하지만 우리의 몸이 편해진 만큼 우려도 커졌습니다.

'환경에 너무 큰 해를 끼치는 건 아닐까?'

먹지 않고 살 수 있는 사람은 없고, 음식을 먹고 처리하는 과정에서 환경에 전혀 영향을 주지 않기란 힘듭니다만 환경과 나 모두를 고려한 선택은 얼마든지 할 수 있습니다. 자, 이제 먹는 것과 환경의 관계를 정확히 살펴봅시다. 그 전에 영양소로서의 탄소와 질소에 대해 먼저 알아야 합니다.

생명의 열쇠, 질소

인간을 비롯한 동물들은 식물이 만들어낸 에너지를 섭취합니다. 식물은 땅과 공기 중에 흩어져 있는 질소, 인, 칼륨, 칼슘, 마그네슘, 철, 아연 등 원소들을 흡수하고 잎과 열매를 키웁니다. 그중에서도 가장 핵심 기능은 광합성입니다. 광합성은 태양의 빛에너지를 화학에너지로 바꾸는 과정으로, 지구에 쏟아지는 태양에너지를 이용해 다양한 원소를 인간과 동물이 흡수 가능한 형태로 바꿔주는 작용입니다. 식물은 태양에너지, 이산화탄소, 물을 흡수해 광합성 반응을 일으켜 포도당을 생성합니다. 다시 말해 에너지가 전혀 없는 이산화탄소라는 빈 그릇에 에너지를 담아 포도당이라는 에너지를 만들어 냅니다.

미생물, 식물, 인간을 포함한 모든 생명체는 광합성으로 만들어진 포도당이 포함된 영양소를 섭취합니다. 생명체가 섭취한 포도당 분자 하나가 체내에서 완전히 산화된다면, 곧 제대로 소화된다면 30~40개의 ATP$^{adenosine\ triphosphate}$와 약 10개 미만의 NADH와 FADH라는 전자전달체 그리고 6개의 이산화탄소 분자가 배출됩니다.

ATP는 근육 수축과 세포 물질 전달 등 모든 생명체가 살아가는 데 중요한 역할을 하는 에너지원입니다. 세상에서 가장 작은 생명 단위인 바이러스도 ATP를 사용합니다. ATP는 체내에 비축되어 호흡, 소화, 운동 등 온갖 에너지 활동에 쓰입니다. ATP가 활동하지 않는다는 것은 생명력을 잃었다는 뜻입니다.

이처럼 중요한 ATP의 화학식은 $C_{10}H_{16}N_5O_{13}P_3$로 탄소(C), 수소(H), 질소(N), 산소(O), 인(P)으로 이뤄져 있습니다. 여기서 중요한 것은 질소입니다. 다양한 방식으로 섭취할 수 있는 다른 원소들과 달리 질소는 식물이나 동물이 스스로 영양소로 바꾸기 어렵습니다. 하지만 체내에 ATP를 만들려면, 곧 생명을 유지하려면 반드시 필요한 원소입니다.

몇몇 박테리아가 공기 중에 있는 질소를 식물이 섭취할 수 있는 질소화합물로 전환시킵니다. 이 박테리아가 공기 중에 있는 질소를 질소화합물인 암모니아 분자 2개로 만드는 과정에서 대략 ATP

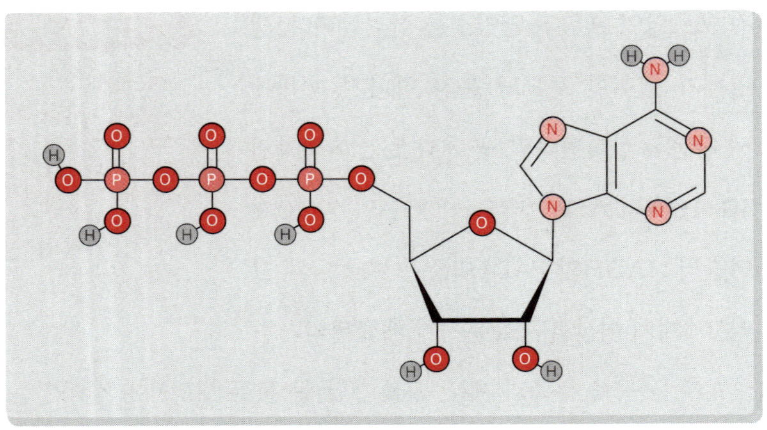

ATP의 화학구조

16개와 전기에너지 8개를 소모합니다. 간단히 설명하면 박테리아가 '쓸 만한 질소화합물'을 만들기 위해 광합성으로 만들어낸 에너지의 절반 이상을 투자한다는 겁니다. 이러한 이유로 인류의 주요 식량인 밀, 보리, 쌀이 양지바른 곳, 곧 광합성이 잘되는 곳이면 어디서든 잘 자라는 것은 아니었습니다.

어떻게 하면 농작물이 잘 자라는지 인류는 선사시대부터 경험을 통해 알게 되었습니다. 고대 이집트인은 강이 범람하며 쌓인 퇴적물에 곡식을 심으면 잘 자란다는 것을 깨닫고는 범람하는 나일강 유역에 논밭을 개간했습니다. 매년 물에 잠기지만 곡식이 잘 자라는 곳에 살면서 수해에 미리 대비해야 했고, 이를 위해 강이 언제 범람할지 예측하려는 노력 끝에 태양력이 만들어졌습니다. 중세 유럽에서는 밭을 춘경지, 추경지, 휴경지 세 구역으로 나누어 농사를 짓도록 제한했고 땅에 동물의 분뇨를 뿌렸습니다. 남아메리카에서는 새의 분변이 오랜 시간 쌓여 화석화된 퇴적물인 구아노guano를 땅에 뿌려 농업 생산량을 높였습니다. 이처럼 다양한 방법이 질소를 땅에 뿌리고 식물의 영양분이 될 수 있도록 흡수시키려는 노력이었다는 사실은 19세기 중반에서야 밝혀졌습니다. 농업 생산량 증대의 핵심에 질소화합물이 있다는 사실을 과학자들이 그제서야 입증했기 때문입니다.

질소화합물의 중요성은 알았지만 질소화합물을 인위적으로 만들어낼 기술이 인류에게는 없었습니다. 인구가 증가하는 만큼 식량 생산량이 따라가지 못해 식량 위기에 시달리고 있던 유럽인들은 그아노를 확보하기 위해 열을 올리기 시작했습니다. 그 과정에서 남아메리카 인근의 두인도들을 영토에 편입시키기 위해 열을 올렸습니다. 한순간에 똥이 돈이 된 것입니다. 구아노 채굴권을 두고 칠레, 페루, 볼리비아 사이에 태평양전쟁이 벌어지기도 했습니다. 그러나 이들의 경쟁은 오래가지 않았습니다. 하버와 보슈가 인공적으로 질소화합물인 암모니아를 합성하는 방법을 발명함으로써 인류가 굶주림에서 해방된 것입니다.

그런데 질소화합물이 들어간 비료를 공장에서 만들고 영양이 풍부한 식량을 키우기 쉬워졌다고 해서 이 과정이 공짜로 이뤄지는 건 아닙니다. 박테리아가 질소화합물을 만들어내기 위해 자기가 가진 에너지의 절반 이상을 소모한다고 앞서 설명했습니다. 이는 박테리아만의 이야기가 아닙니다. 하버-보슈법을 이용해 비료를 생산하는 데 2020년 기준으로 전 세계에서 인간이 사용하는 전체 에너지의 1.8퍼센트가 소모됩니다. 전체 화석연료의 3퍼센트는 비료를 만드는 데 소비됩니다. 단 한 가지 화합물을 만드는 데 화석연료의 3퍼센트를 쓴다는 건 엄청난 일입니다.[1]

풍족하게 살면서도 그것을 소중히 생각해야 하는 또 다른 이유가 있습니다. 토지의 생산력 한계 때문에 지구에 살 수 있는 최대 인구가 20억 명이라는 20세기 초반의 예측을 깨고, 현재 지구에는 80억 명이 살고 있습니다. 그리고 인류가 다 소화하지 못한 잉여 농산물을 닭, 소, 돼지 등 가축에게 먹이는 등 수치상으로는 전 세계인이 충분히 먹고살 만한 식량이 생산되고 있습니다. 그런데 왜 지구 곳곳에서는 여전히 식량난을 겪고 있을까요?

지구 각 토양의 역량이 다르기 때문은 아닙니다. 복잡한 문제들이 얽혀 있어 완전히 이해하기는 힘들지만, UN 식량특별조사관이 쓴 《왜 세계의 절반은 굶주리는가?La faim dans le monde expliquee a mon fils》를 보면 식량을 둘러싼 일부 국가와 기업의 탐욕적인 행보를 조금이나마 짐작할 수 있습니다. 예를 들어 어떤 나라에서는 소수의 권력자가 땅을 독점해 밀, 감자처럼 지역 주민이 먹을 식량보다는 카카오나 커피처럼 해외 기업에 좀 더 비싼 값에 팔 수 있는 농작물을 재배합니다. 지역 주민은 자신은 쉽게 사먹지 못할 비싼 농작물을 재배하고 값싼 임금을 받아 겨우 먹고살 만큼의 밀이나 감자를 삽니다. 어떤 나라에서는 굶주리는 국민에게 무료로 식량을 나눠주면 시장경제를 해친다며 경쟁자와 기업으로부터 생명의 위협을 받는 경우도 있다고 합니다.

두 번째 이유는 개발도상국들의 식량 소비 형태가 변화하면서 앞으로 발생할 자원 불균형 문제에서 기인합니다. 농업 분야 전문가들은 현재의 식량 생산량을 우려하지 않습니다. 개발도상국이 모두 현재 미국이나 유럽 같은 선진국처럼 식량을 소비하게 될 경우를 더 우려합니다. 주로 차를 마시던 중국인들이 커피를 마시기 시작하자 전 세계 커피 소비량이 급증했다는 기사를 본 적 있을 겁니다. 특정 나라가 발전해 국민의 소비 수준이 높아지고, 그 결과 치즈와 와인의 소비량이 급증해 내 식탁에 오르는 가격이 높아졌다고 해서 누구도 그 나라의 발전 속도를 강제로 늦출 수는 없습니다. 좋은 걸 먹지 달라고 할 수도 없습니다.

이렇게 인위적으로 만들어진 질소화합물은 인간에게 풍요를 가져다주었지만, 한편으로는 새로운 문젯거리를 안기기도 했습니다. 그런데 우리가 풍요로운 식탁을 두고 걱정해야 할 거리는 이것뿐만이 아닙니다.

채식이 육식보다 환경에 좋은 과학적인 이유

20세기 초반 미국 대공황 시대를 배경으로 한 영화 〈신데렐라 맨^{Cinderella Man}〉에서는 주인공 부부가 레스토랑에서 귀한 스테이크를 몰래 싸서 집에 가져와 아이들에게 주는 장면이 나옵니다. 고기를 쉽게 먹을 수 없었던 상황은 동서양 모두 마찬가지였습니다. 20세기 초까지만 하더라도 냉장 시설이 없었기 때문에 신선한 고기를 보관하고 유통하는 데 한계가 있었습니다. 또한 가축을 키우려면 많은 식량을 소모해야 했기 때문에 동서양 모두 육식은 상류층의 전유물이었습니다. 비료가 발명되고 잉여 농작물이 발생하면서 소, 돼지, 닭을 충분히 키울 수 있게 된 20세기 중반 이후에야 많은 사람이 본격적으로 육식을 할 수 있게 되었습니다. 비료의 발명 덕분에 육식이 보편화된 것이지요.

한국농촌경제연구원이 발표한 〈농업전망 2023: 농업·농촌의 혁신과 미래〉에 따르면 2022년 1인당 육류 소비량은 58킬로그램입니다. UN식량농업기구^{Food and Agriculture Organization of the United Nations, FAO} 조사 결과에 따르면 우리나라의 소, 닭, 돼지 소비량은 전 세계 10위권 내외에 머물고 있습니다. 이처럼 육류 소비량이 많은 우리나라도 1970~1980년대에는 쌀 생산량이 부족해 조, 보리 등 잡곡을 섞은 혼분식을 하도록 국가적으로 장려했으니, 평범한 사람들 식탁에 고기가 일상적으로 올라온 건 최근의 일입니다.

고기는 맛도 있지만 중요한 단백질원입니다. 단백질은 생명이 살아가는 데 반드시 필요한 물질로 근육이나 손톱, 머리카락 등이 되어 몸의 외형을 유지하는 데 쓰이면서 DNA의 구성물이나 호르몬과 항체 등 체내의 다양한 물질이 되어 생명 유지와 활동을 돕습니다. 채식주의자가 살아갈 수 있는 것은 단백질원에 고기만 있는 것이 아니기 때문입니다. 우리가 잘 알고 있는 콩과 귀리, 퀴노아^{quinoa} 등 일부 단백질을 포함한 식물들이 채식주의자들의 주요 단백질원입니다.

제가 한창 대학 생활을 하던 시기니까 20년쯤 전의 일입니다. 우리나라를 방문한 외국인들과 한국 생활에 대한 이야기를 나누다 보면, 간혹 레스토랑에서 채식 메뉴를 주문하기 어렵다고 말하는 사람들이 있었습니다. 식당에 가서 주문받는 직원에게 채식한다는 이유로 비빔밥에 고기 고명을 얹지 말아달라고 요청했는데 음식을 받으면 비빔장에 고기가 섞여 있었다거나, 자장면에 고기는 빼도 볶는 데 사용하는 기름이 라드^{lard}(돼지비계)여서 당황한 일 등 각자의 경험을 이야기해주었습니다. 주변에 채식을 하는 사람이 많지 않던 시절이라 미처 생각하지 못한 어려움이었습니다.

요즘에는 우리나라에도 채식에 대한 관심이 커지고 채식 인구도 많이 늘면서 예전에 비해 채식을 하는 사람들과 함께 음식을 먹을 수 있는 식당을 찾기가 한결 수월해졌습니다. 하지만 채식주의자로 일상을 산다는 건 여전히 쉽지 않은 일입니다. 다른 사람들과 식사할 때 메뉴 선택이 제한되기 때문에 늘 채식주의자인 것을 밝혀야 하고 배려를 부탁해야 합니다. 평소에는 밖에서 음식을 사 먹는 데 한계가 있다 보니 아무리 바빠도 간단하게 도시락을 준비하는 경우가 많습니다. 채식을 하려면 시간과 노력뿐 아니라 돈도 더 듭니다. 채식주의자를 위한 빵이나 우유의 대체재인 아몬드우유 등은 가격도 비싸고 파는 곳도 한정되어 있기 때문입니다.

이렇게 어려운 상황에서 계속 채식을 하는 이유는 종교·문화적인 이유도 있지만 동물 복지에 대한 문제의식 때문이기도 합니다. 육류 생산으로 환경이 파괴되는 걸 우려해 채식을 선택하는 것입니다. 그런데 육식보다 채식을 하면 불편하고 힘든 선택에 의미가 있을 만큼 동물과 환경에 도움이 될까요?

유명한 먹방 유튜버 중에는 한 번에 남들 먹는 양의 10배, 20배를 먹는데도 날씬한 사람이 있습니다. 어떤 사람은 적게 먹어도 살이 잘 찌는데, 어떤 사람은 많이 먹어도 살이 잘 찌지 않습니다. 쌀을 1킬로그램 먹는다고 해서 몸무게가 1킬로그램 늘어나는 것은 아닙니다. 불공평하게도 누군가는 10그램 늘지만 누군가는 고작 1그램 늘기도 합니다. 가축들도 마찬가지입니다. 쉽게 살이 찌는 동물이 있는가 하면, 살을 찌우려면 엄청나게 많이 먹여야 하는 동물이

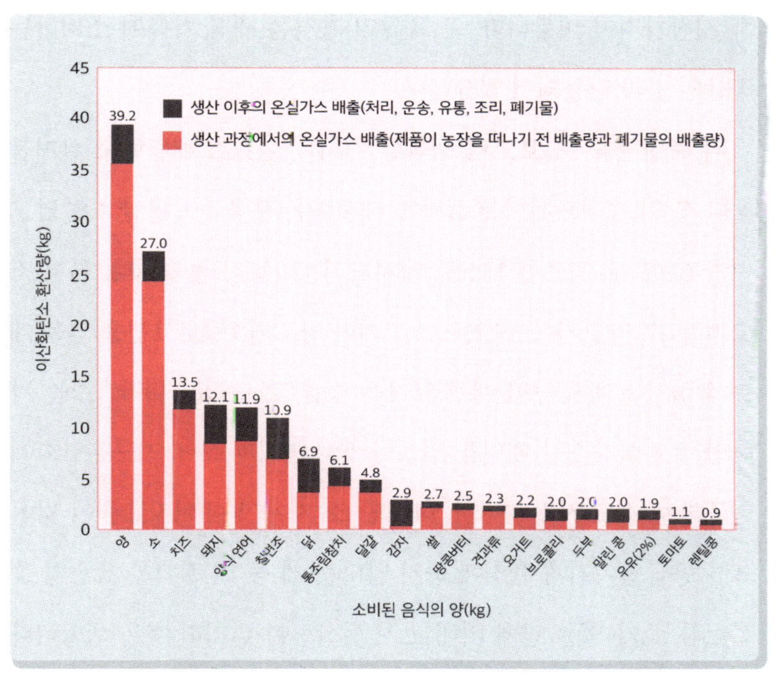

온실가스 배출의 LCA 평가

있습니다. 소는 바로 이 날씬한 먹방 유튜버 같은 체질이라고 이해하면 될 듯합니다. 반면 닭은 쉽게 살찌는 체질입니다.

소는 100의 영양소를 먹고 1의 고기를 생산하는 에너지효율이 매우 낮은 식량입니다. 반면 양고기는 에너지효율이 4퍼센트, 돼지고기는 8퍼센트, 닭고기는 10퍼센트가 넘습니다. 소는 많이 먹고 적게 살찝니다. 닭은 적게 먹고도 많이 살찝니다. 시장가격 역시 소-양-돼지-닭 순서로 점차 저렴해집니다. 에너지효율이 낮을수록 시장가격이 비쌉니다. 곧 육류의 가격은 해당 가축이 소비하는 곡물의 양과 연동되어 있습니다.

각 축산물을 1킬로그램 생산할 때의 온실가스 배출량도 살펴봅시다. 앞의 그래프에서 온실가스 배출량은 우유 1.9, 달걀 4.8, 닭고기가 6.9인데, 치즈는 13.5로 돼지고기 12.1보다 높습니다. 한편 소고기는 27, 양고기는 39.2로, 소고기나 양고기 1킬로그램을 얻을 때는 온실가스 배출량이 매우 많다는 것을 알 수 있습니다.[2] 소는 자라면서 온실가스인 메탄을 엄청나게 내뿜기 때문에 지구온난화에 한몫하는 것도 사실입니다. 하지만 소 자체가 에너지효율이 낮은 육류 공급원이기에 환경에 좋지 않다는 게 좀 더 정확한 표현일 듯합니다. 소가 먹는 양에 비해 고기 생산량이 현저히 적은 셈입니다 (그래프를 보면 온실가스 배출량은 소고기보다 양고기가 더 많습니다).

고기는 좋은 단백질원입니다. 하지만 육류보다는 채소가, 가공된 채소보다는 자연상태 그대로의 채소가 보다 환경을 생각한 식사입니다. 가축을 키우는 데 소비하는 식량, 가축이 자라며 배출하는 메탄가스, 도축하고 가공하기 위해 운반하고 보관하는 에너지 등을 생각하면, 식물을 키우고 운반하고 보관하는 데 사용되는 에너지가 현저히 적기 때문에 채식이야말로 친환경이라고 볼 수 있습니다. 특히 콩과 두부는 소고기나 양고기에 비해 온실가스 배출량이 1/10밖에 되지 않으면서도 사람에게 좋은 단백질을 제공합니다.

다만 삶아서 포장한 옥수수는 가공 공장을 거쳐서 재포장되어 우리 손으로 옵니다. 공정이 한 단계 늘면 온실가스 배출량이 늘어납니다. 조금 귀찮더라도 다른 사람의 손을 덜 거친 제품을 산다면, 다져서 얼린 마늘보다 통마늘을 산다면 가격도 저렴하지만 좀 더 친환경적인 선택을 하는 겁니다.

2022년에 UN이 '세계 인구의 날'을 맞아 발표한 보고서에 따르면 2037년 전 세계 인구는 90억 명을 넘어설 것으로 예측됩니다. 90억 명의 인구가 지금 수준으로만 음식을 먹는다면 큰 문제가 없겠지만, 모든 인구가 현재 선진국에서 소비하는 수준으로 육류를 먹기 시작하면 이야기가 달라집니다. 더 많은 가축을 키우기 위해 더 많은 식량을 소비해야 하므로 인류는 다시 식량난을 겪을 수 있습니다. 늘어나는 가축 개체수만큼 증가할 분뇨와 도축 후 축산폐기물 처리 문제도 해결해야 할 영역입니다. 게다가 축산업에서 가축의 트림, 방귀에서 배출된 메탄가스가 온실가스 배출량을 증가시킨다는 것이 밝혀지면서 우려의 목소리는 더욱더 커지고 있습니다.

육류 섭취를 줄이고 채소 섭취를 늘리는 것은 건강과 환경을 위하는 좋은 습관입니다. 그렇지만 환경을 위해 모두가 극단적인 채식주의자가 될 수는 없습니다. 다만 고기를 먹고 싶을 때 소보다 돼지를, 돼지보다는 닭을 선택한다면 좀 더 친환경적인 식사가 된다는 걸 염두에 두면 좋겠습니다.

식량의 도전

전 세계적으로 육류 소비량은 1970년에 1억 톤이 채 되지 않았으나 2010년에는 약 3.5억 톤으로 40년 동안 3.5배 이상 늘었습니다.[3] 배설물과 도축 부산물 등도 늘어나고 있으며, 축산업에서 배출되는 온실가스의 양은 전체 배출량의 18퍼센트입니다. 사회가 계속 고도화되고 생활 수준이 높아질수록 육류 소비량은 늘어납니다.

지금보다 육류 수요가 훨씬 늘어날 경우를 대비하는 움직임의 결과물 중 하나가 대체육입니다. 가축을 도축한 고기가 아닌 다른 방식으로 고기를 대체할 만한 식품을 개발한 것입니다. 콩이나 옥수수 등 식물성 원재료를 이용해 만드는 콩고기 같은 대체육은 가장 널리 알려져 있고 다양한 제품이 출시되고 있습니다.

콩으로 만든 고기를 처음 먹었을 때가 기억납니다. 고등학교 급식 때 메뉴 설명을 꼼꼼하게 읽지 않았기 때문인지 아니면 오래전이라 메뉴의 원재료를 정확히 표기하지 않았기 때문인지는 모르겠지만 가끔 나오던 불고기를 콩고기로 만들 때도 있었다는 사실을 한참 지난 후에야 알게 되었습니다. 하지만 콩고기라는 걸 알고 난 이후로는 왠지 진짜 소고기보다 씹는 느낌도 덜한 것 같고 맛도 심심한 것처럼 느껴졌습니다. 몰랐을 때는 맛있게 먹었는데도 말입니다. 별로 미식가가 아닌 저도 콩고기라고 하면 왠지 진짜 고기보

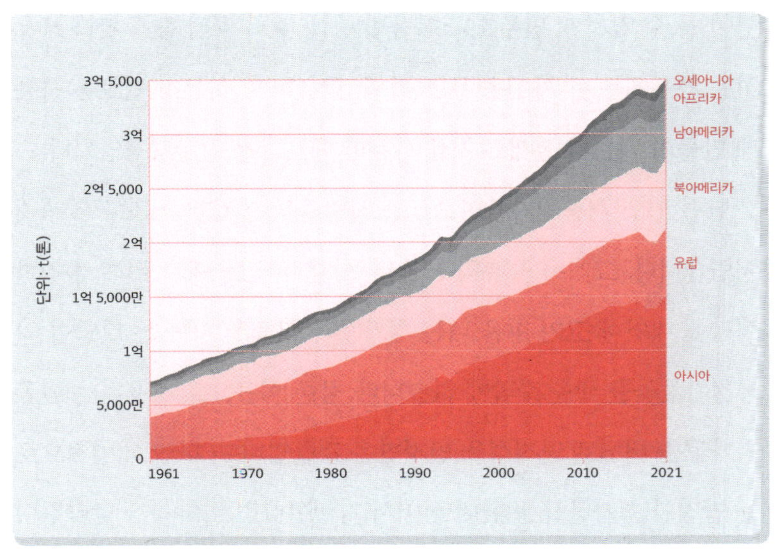

세계 육류 생산량 추이 1961~2021[4]

다 맛이 없는 것 같다는 선입견을 극복하기 힘듭니다. 실제로 식물성 고기는 인간이 원하는 식감과 맛을 내기 어렵습니다. 바로 이 점이 콩고기 대체육을 넘어 배양육 시장에 주목하는 이유입니다. 최근 대체육 연구는 동물의 줄기세포를 채취한 다음 실험실에서 세포를 배양해 고기를 만드는 단계까지 왔습니다.

두 가지 고기의 가장 큰 차이는 원료입니다. 식물성 대체육은 식물, 해조류 등에서 추출한 단백질을 주성분으로 해서 다양한 첨가물을 넣어 평소에 먹는 고기처럼 가공한 것입니다. 스테이크처럼 큰 덩어리 고기를 사용하는 요리라면 진짜 고기와 확연히 다른 느낌이 들 수 있지만, 만두소나 볶음밥 등에 넣기 위해 작게 잘라 사용하는 경우에는 큰 차이를 못 느낄 수 있습니다. 식물성 원료를 사용해 만들기 때문에 실제 고기를 사용할 때보다는 친환경적입니다.

한편 천연 식품첨가물만으로는 사람들의 민감한 입맛을 맞추기 어렵습니다. 그래서 육류와 비슷한 식감과 맛을 내기 위해 쫄깃한 식감을 내거나 고기 향을 내는 첨가물과 식물성 지방 등 다양한 인공첨가물들을 넣을 수밖에 없습니다. 물론 식용으로 사용하는 인공첨가물은 대체로 안정성을 인정받은 것들입니다. 다만 개별적으로는 안전한 첨가물들을 한데 섞어서 가열한다면 이야기가 달라집니다. 여러 물질을 섞어서 가열하면 화학반응이 일어나는데, 이때 생성되는 화학물질이 우리 몸에 어떤 영향을 줄지는 정확히 알 수 없습니다. 우리가 예측하지 못한 나쁜 영향이 발생할 가능성도 있는 것입니다. 정리하자면 최소한의 첨가물만 들어간 식물성 대체육은 비교적 안전하고 친환경적이지만, 육류에 최대한 가깝게 만들기 위해 수많은 물질을 첨가한 식물성 대체육은 아직 안전하다고 보기는 어려울 듯합니다.

배양육은 식물성 대체육의 식감과 맛의 한계를 뛰어넘는 대체육입니다. 살아 있는 동물의 살과 근육세포를 채취해 배양액에서 키워 고깃덩어리를 만들어냅니다. 2023년 6월 미국에서 처음으로 닭고기 배양육으로 만든 치킨너깃이 일반인들에게 판매되었습니다.

이로써 미국은 2020년부터 배양육의 판매를 허용한 싱가포르에 이어 두 번째로 일반 판매를 허가한 국가가 되었습니다. 치킨너깃을 맛본 사람들은 고기로 만든 것과 다른 점을 모르겠다고 평가했습니다. 배양육의 원재료는 동물의 세포이기 때문에 채식주의자를 위한 음식은 아닙니다. 하지만 배양육은 더 많은 가축을 직접 키우지 않고도 충분히 육류를 얻기 위한 노력의 결과물입니다.

2011년에는 배양육을 생산한다면 가축을 키워 고기를 얻는 데드는 에너지에 비해 사용하는 에너지를 절반 수준으로 줄일 수 있을 것으로 예측한 연구 결과가 발표되었습니다.[5] 또한 살아 있는 동물을 도축할 필요가 없기 때문에 불필요한 가축 폐기물도 발생하지 않습니다. 배양육은 만드는 동안 트림을 하거나 방귀를 뀌지도 않기 때문에 온실가스도 적게 발생합니다. 이러한 이유로 배양육은 스마트 축산의 핵심기술로 간주되고 있습니다.

그러나 현재 기술에는 한계가 많기 때문에 기술이 안정적인 수준에 이르기 전까지는 친환경적이지 않을 수도 있습니다. 실제로 전 세계 농업기술을 이끄는 미국 캘리포니아대학교 데이비스캠퍼스는 최근 배양육이 4~25배 정도 많은 온실가스를 배출한다는 연구 결과를 발표해 전 세계적으로 큰 논란을 일으켰습니다.[6] 이렇게 연구하는 그룹마다 배양육에 대한 LCA값이 다른 이유는 실제로 배양육을 대량생산하는 기업이 현재 없기 때문입니다. 현재 은영

중인 가장 큰 배양육 생산 시설은 미국 업사이드푸드^{UPSIDE Foods}에서 운영하고 있으며, 이 시설에서는 연간 약 2만 2,680킬로그램의 제품을 생산할 수 있습니다. 1주일에 약 454킬로그램의 배양육을 생산할 수 있으며, 이는 약 소 3마리 정도에 해당하는 고기 양입니다. 미국 소고기 산업에서는 2021년에 126억 킬로그램의 소고기를 생산했다고 하니 배양육 생산량이 얼마나 적은지 알 수 있습니다.

배양육을 만드는 데 동물이 전혀 필요 없는 것도 아닙니다. 배양에 필요한 동물의 살과 근육세포를 살아 있는 개체에서 채취해야 하기 때문에 실제 동물이 필요합니다. 또한 세포가 20~30회 증식한 후에는 사멸하거나 문제가 발생하는 경우가 많기 때문에 생산량이 안정적이지 않습니다. 이때 발생하는 문제란 비정상적인 세포, 곧 암세포 같은 게 만들어질 수 있다는 겁니다. 배양할 때 넣는 첨가물들 또한 우려 대상입니다. 세포 배양 과정에서 세균 등에 오염되지 않도록 첨가하는 항생제, 세포가 활성화되도록 돕는 생리활성물질 등 동물의 몸에서 이뤄지는 대사가 실험실에서 이뤄지도록 각종 물질을 인공적으로 넣을 수밖에 없습니다. 그런데 이렇게 배양한 고기를 사람이 섭취해도 안전한지, 안전하다면 어느 정도까지 섭취해도 괜찮은지 등의 안전 기준은 아직 마련되지 않았습니다.

또 동물세포를 배양하는 비용이 아직 매우 비싼 편입니다. 삼성

그룹은 삼성바이오로직스와 삼성에픽스를 세워 동물세포를 기반으로 한 의약품을 생산하는 바이오 산업을 육성하고 있습니다. 삼성이 이 사업을 시작할 수 있었던 이유 중 하나는 반도체 설비기술을 잘 활용할 능력을 갖추고 있었기 때문입니다. 반도체 제조 공정에는 불순물이 섞이지 않도록 고도의 설비기술이 필요한데, 동물세포 배양 시설 역시 비슷한 수준의 시설이 필요합니다. 곧 동물세포를 연구하기 위해서는 반도체를 생산하는 수준의 설비와 비용이 듭니다.

동물세포를 이용한 제품 개발은 현재 시작 단계입니다. 현 시점에서 주로 개발하고 있는 제품 중에는 의약품이 많습니다. 인간의 생명과 직접적으로 연결된 의약품은 가격이 비싸도 수요가 있기 때문입니다. 점차 동물세포를 이용한 의약품 생산기술이 고도화되고 안정된다면 배양육도 훌륭한 친환경 식품이 될 수 있을 겁니다. 태양육이나 식물성 대체육 모두 생산과 공급이 이상적으로 안정화된다면 말입니다.

작은 가축의 등장

봉준호 감독의 영화 〈설국열차〉는 지구의 기후위기를 이야기할 때 빠지지 않는 작품입니다. 영화는 극심한 지구온난화 현상으로 지구 기온이 높아지자 세계 각국이 협의 끝에 대기권에 CW-7이라는 가상의 인공 냉각제를 뿌리는 것으로 시작합니다. 그러자 과학자들의 예측보다 지구 기온이 훨씬 낮아져 지구에는 빙하기가 찾아오고, 내부에 자급자족 시스템을 갖춘 기차 한 대만이 꽁꽁 얼어붙은 땅을 하염없이 달리며 빙하기가 끝나기를 기다린다는 설정입니다. 이 영화에서 가장 충격적인 장면은 꼬리칸 사람들이 그동안 배급받아 먹던 단백질바의 원재료를 알게 되는 순간이라고 생각합니다. 식량통을 열자 바퀴벌레처럼 생긴 곤충떼가 화면을 뒤덮는 장면은 정말 충격이었습니다.

곤충을 먹는다니 거부감부터 들지만, 자원이 한정된 열차의 환경을 생각하면 과학적으로는 이치에 맞는 설정으로 보입니다. 영화에서는 꼬리칸 사람들만 그런 열악한 음식을 먹고 머리칸 사람들은 신선한 음식을 먹고 있어서 더 분노했지만요. UN의 FAO는 미래의 부족한 식량을 해결할 자원으로 곤충을 선정했습니다. 곤충은 지구 생물 가운데 1/3을 차지할 정도로 손쉽게 구할 수 있습니다. 또한 종류가 다양하기 때문에 맛과 영양분도 가지각색입니다. 취향에 따라 다양하게 골라 먹을 수도 있습니다. 나뭇잎이나 열매 등 탄수화물을 섭취하는 곤충들은 질소가 포함된 탄수화물인 키틴chitin과 키토산chitosan을 대량생산합니다(앞서 질소를 얻기 위해 인류가 했던 노력을 생각하면 매우 귀한 자원입니다). 또한 축산물과 비슷하거나 2~3배 많은 단백질을 함유하고 있습니다. 그 밖에도 불포화지방산, 비타민 무기질 등 좋은 영양소를 갖추고 있습니다. 과학적으로 입증되지는 않았지만 관절에 좋다고 해서 영양제로 인기가 많은 글루코사민glucosamine 함량도 풍부합니다. 성분상으로는 건강에 매우 좋은 식량자원입니다.

식용곤충을 대량생산할 경우를 가정해봅시다. FAO는 곤충을 '작은 가축little cattle'이라 했습니다. 그 근거는 소에게 풀을 8킬로그램 먹여야 1킬로그램 살찌울 수 있지만, 곤충에게는 2킬로그램의 풀을 먹여 1킬로그램을 살찌울 수 있기 때문입니다. 평균적으로 온실가스를 비교적 덜 생산하는 돼지와 비교했을 때도 곤충은 1~10퍼센트만의 온실가스를 배출하기 때문에 온실가스 배출량을 줄일 수 있습니다.[7] 가축에 비해 사육 공간도 적게 듭니다. 배양육과 비교해도 만드는 과정에 배양액 등 화학물질을 사용할 필요가 없으며 인공사료도 먹이지 않습니다. 곤충은 식품 가공 후 남는 부산물이나 사람들이 먹고 버린 음식물쓰레기로도 배양할 수 있습니다. 국제곤충식품 및 사료 기구International Platform of Insects for Food and Feed, IPIFF의 보고서에 따르면, 곤충을 배양해서 식재료로 사용하면 현재 배출되는 음식물쓰레기의 1/3을 줄일 수 있습니다.[8]

식용곤충 배양의 또 다른 장점은 일정한 환경 조건이 갖춰져야 키울 수 있는 소, 돼지, 닭과 달리 각 나라 환경에 맞는 곤충을 키울 수 있다는 것입니다. 그렇다 보니 구호 음식으로도 가치가 있습니다. 경제 상황이나 환경이 열악한 나라에서 육류를 생산하려면 축사와 배수 시설 같은 설비가 필요할 뿐 아니라 그 나라 환경에 적응하며 자랄 수 있는 가축을 선별해 이동시키는 등 갖춰야 할 것이 많습니다. 하지만 곤충은 그 나라 환경에서 서식하는 종 중에서 선택해 키울 수 있고 시설 비용이 적게 들어 미래 먹거리로서의 잠재적 가치가 매우 높습니다. 곤충 연구는 이제 시작 단계이므로 무궁무진한 잠재력이 있으며 식품, 의학, 미용 등 다양한 분야에서 활발히 연구가 이뤄지고 있습니다. 실제로 미국 제약 회사인 노바백스가 코로나19 백신을 우리나라의 안동 SK바이오사이언스에서 생산할 때, 초파리에서 유래한 곤충 세포를 활용했습니다.

FAO의 2013년 발표에 따르면 지구상에 존재하는 곤충 중 먹을 수 있는 것은 2,000여 종입니다. 또한 매일 곤충을 섭취하는 세계 인구는 20억 명 이상이라고 합니다. 나비 애벌레, 잠자리, 귀뚜라미, 개미, 딱정벌레 등 인간이 먹는 곤충은 이미 많습니다. 우리나라도 종류는 한정적이지만 곤충을 먹었습니다. 1970~1990년대만 해도 많은 어린이가 소풍이나 나들이를 가서 번데기를 사 먹었습니다. 제가 어렸을 때는 메뚜기 튀김도 가끔 접할 수 있었습니다. 그러나 요즘에는 길에서 번데기 장수를 흔히 볼 수 없습니다. 메뚜기 튀김 역시 마찬가지입니다. 경제가 발전하고 식습관이 선진국형으로 바뀌면서 곤충 섭취가 줄어든 듯합니다.

식용곤충 산업 발전의 걸림돌 중 하나는 바로 사람들이 곤충을 기피한다는 것입니다. 싫어하는 것을 넘어 무서워하는 사람도 많습니다. 사람들은 왜 자기보다 훨씬 작은 곤충을 무서워할까요? 심리학자들이 연구한 결과에 따르면 사람들은 곤충이 훨씬 작아서 무서워한다고 합니다. 너무 작아서 몸으로 파고들 수 있기 때문에 두려워하는 것입니다. 또 형체가 익숙하지 않아서 무서워할 수도 있습니다. 사람은 개나 고양이처럼 다리가 넷인 동물은 그다지 무서워하지 않지만 표면이 딱딱하고 차가우며 다리가 많은 곤충은 인간과 생김새가 너무 달라 자기도 모르게 기피합니다.

이러한 무의식적인 혐오를 바로잡아야 식용곤충 산업이 빠르게 발전할 수 있을 겁니다. 그런 시도로 2015년 우리나라 농촌진흥청은 식용곤충인 '갈색거저리 애벌레(밀웜mealworm)'와 '흰점박이꽃무지 애벌레'에게 서로운 이름을 붙이고자 민간 공모전을 열었습니다. 그 결과 갈색거저리 애벌레는 고소한 맛을 내는 애벌레라는 의미의 '고소애', 흰점박이꽃무지 애벌레는 꽃과 굼벵이를 합성한 '꽃벵이'라는 이름으로 불리고 있습니다.[9]

식용곤충의 필요성과 효과에 대해 사람들에게 널리 알려서 거부감을 낮추려는 시도가 여러 나라에서 지속적으로 이뤄졌고, 지금까지는 긍정적인 결과가 나타나고 있습니다. 한 독일의 유통업체가 진행한 설문에 따르면, '외관이 혐오스럽지 않고 위생 요건이 갖춰진 상태라면 곤충을 먹을 수 있을 것 같다'라고 답변한 사람이 응답자의 40퍼센트를 넘었습니다. 벨기에에서는 곤충 분말이 섞인 파스타나 에너지바, 과자 등의 상품이 판매되고 있습니다. 곤충을 사료로 만들어서 가축을 키우거나 물고기 양식을 하는 대안도 있습니다. 곤충을 직접 먹지 않아도 사람들이 좋아하는 식량을 생산하기 위한 중간 식품으로 활용하는 것입니다. 이 밖에도 곤충에서 추출한 글루코사민 영양제를 만드는 등 우리가 평소에 이용하는 것들의 원재료로서 곤충을 이용해 소비량을 더 늘리는 친환경적 지혜가 필요합니다.

아보카도의 누명을 벗겨라

으깬 아보카도와 다진 토마토, 고수, 라임즙을 섞어 만든 과카몰레는 전 세계적으로 사랑받는 멕시코 대표 음식입니다. 2000년 이전만 해도 아보카도는 주로 멕시코에서 먹었습니다. 우리나라에서는 몇 년 전만 해도 유명 브런치 가게에서나 먹을 수 있었지만 이제는 아보카도가 들어간 샐러드, 샌드위치, 덮밥, 롤 등을 쉽게 먹을 수 있습니다. 아보카도의 인기는 우리나라에서만 치솟은 게 아닙니다. 2000년 전후 미국에서 소비량이 늘기 시작하면서 해마다 전 세계적으로 아보카도 무역량이 계속 증가해왔습니다. 인스타그램이 대중화되면서 아보카도로 만든 음식 사진을 올리는 젊은 사람이 많아진 것도 아보카도가 전 세계적으로 인기 있는 식재료가 되는 데 한몫했다고 분석합니다.

이렇게 인기 있는 아보카도를 먹는 것을 비난하는 사람들도 있습니다. 아보카도를 키우는 데 물을 엄청 많이 쓰기 때문에 환경을 파괴하는 작물이라는 오명이 붙어 있기 때문입니다. 그래서 저 역시 한때 아보카도를 마음껏 먹어도 될지 고민한 적도 있습니다.

그런데 아보카도만 환경을 파괴할까요? 인류가 사랑하는 기호식품 중 와인은 역사상 가장 오랫동안 사랑받아온 식품일 겁니다. 이런 와인을 만들기 위한 포도밭 역시 경작 면적이 엄청나게 넓으며, 와인이 만들어지기까지 많은 물을 이용합니다. 그럼에도 와인은 환경파괴 식품으로 생각하지 않는데, 아보카도는 왜 대표적인 환경파괴 식품으로 꼽히는 것일까요? 아마도 와인은 인류 문명이 시작될 때부터 마셨기 때문에 이미 전 세계인의 식탁에 일상적으로 오르내리고 있지만, 아보카도는 최근에야 인기를 얻게 된 작물이어서가 아닐까 생각합니다.

그러면 아보카도가 정말로 환경을 파괴하는 음식인지 알아봅시다. 친환경 음식인지 판단하는 기준이 있습니다. 제품이나 소재가 환경에 끼치는 영향을 판단하기 위해 탄소발자국을 참고하는 것처럼, 농작물, 식품, 기호식품을 일정량 생산할 때 물을 얼마나 사용하는지를 나타내는 물발자국water footprint이라는 수치를 참고할 수 있습니다. 어떤 식품을 생산하는 과정에 사용한 물의 양을 의미하는 '가상수virtual water' 개념이 처음 등장한 건 1990년대입니다. 이후 2002년 네덜란드 트벤테대학교의 교수 아르옌 훅스트라Arjen Hoekstra가 물발자국이라는 개념을 발표했습니다. 물발자국이란 '어떤 제품이 요람에서 무덤에 갈 때까지 전 과정에서 소비되고 오염되는 물의 양을 모두 더한 값'입니다.

음식 1리터 또는 1킬로그램에 사용한 물발자국을 계산한 결과는 매우 흥미롭습니다. 우리의 주식인 쌀은 2,500리터, 밀가루는 1,849리터, 우유는 1,000리터, 소고기는 무려 1만 5,400리터입니다. 물을 너무 많이 먹어서 환경을 파괴한다는 오명을 쓴 아보카도는 849리터의 물을 소비하는 것으로 조사되었습니다.[10] 우리가 즐겨 마시는 음료는 어떨까요? 포도는 평균적으로 1킬로그램당 675리터의 물이 필요해 아보카도보다 조금 적게 사용하지만, 와인을 만드는 데는 평균 1리터당 870리터의 물을 소비합니다. 우리나라 사람들이 물만큼 많이 마신다는 커피의 경우, 에스프레소 1리터를

	소고기 1kg	15,400ℓ		에스프레소 1ℓ	1,120ℓ
	돼지고기 1kg	6,000ℓ		우유 1ℓ	1,000ℓ
	닭고기 1kg	4,300ℓ		와인 1ℓ	870ℓ
	쌀 1kg	2,500ℓ		아보카도 1kg	849ℓ
	소고기버거 1개	2,500ℓ		시금치 1kg	290ℓ
	담배 1kg	2,020ℓ		파인애플 1kg	255ℓ
	밀가루 1kg	1,849ℓ		토마토 1kg	214ℓ
	파인애플주스 1ℓ	1,300ℓ		블랙커피 한 잔	130ℓ

주요 상품의 물발자국[11]

만들기 위해 1,120리터의 물을 사용합니다.

물발자국으로 보면 샌드위치를 먹을 때 아보카도를 얹어 먹는 것이 와인이나 에스프레소 한 잔을 곁들이는 것보다 환경에 더 나은 선택인 듯합니다. 게다가 커피와 와인 그 자체는 열량으로 거의 활용되지 않으니 에너지효율 측면에서도 아보카도를 얹어 먹는 편이 현명할 것 같습니다. 아보카도에는 열량도 많기 때문입니다.

일반적으로 탄수화물보다는 단백질의, 단백질보다는 지방의 에너지 밀도가 높습니다. 곧 같은 양의 음식을 먹었을 때 지방이 많다면 탄수화물이 많은 음식보다 더 열량이 높다는 뜻입니다. 아보카도는 과일로 분류되지만 대부분 지방으로 이뤄져 있습니다. 과일치고는 단백질 함량도 높습니다. 100그램의 아보카도를 생산하려면 100그램의 토마토를 생산할 때보다 훨씬 더 많은 에너지가 필요하지만 그만큼 더 많은 열량을 사람에게 제공합니다. 100그램 기준으로 아보카도의 열량은 190킬로칼로리 정도인 한편, 토마토의 열량은 그의 1/10에도 못 미치는 14킬로칼로리 정도입니다. 아보카도는 재배하는 데 많은 에너지가 들지만 그만큼 에너지를 많이 품고 있는 식품입니다.

아보카도가 잘 자라는 기후도 아보카도의 인기를 비판하는 이유입니다. 아보카도를 주로 재배하는 지역은 멕시코와 칠레, 미국의 캘리포니아 등 대표적으로 물이 부족한 지역입니다. 먹을 물도 부족한데 아보카도 농장이 늘어나면서 더 많은 물을 쓰고 있으니 시급한 문제로 볼 수 있습니다. 게다가 전 세계적으로 수요가 급격히 늘자 멕시코에서는 아보카도 농장을 둘러싼 이권 다툼 때문에 사람들이 목숨을 잃는 사건도 자주 발생합니다. 칠레나 멕시코 등지에서는 아보카도를 재배하기 위해 오래된 숲을 벌채하고 있습니다. 아보카도에게는 죄가 없습니다. 다만 여기 얽힌 사람들의 욕심 때문에 문제가 생기는 것입니다.

유기농 역시 정답이 아닐 수 있다

세계 최고급 상품들이 모이는 미국 비벌리힐스에서 요즘 인기 있는 브랜드 중 하나로 에러원^{Erewhon}을 꼽을 수 있습니다. 에러원은 한마디로 말하면 고급 유기농 상품을 판매하는 매장입니다. 이들은 자신들이 추구하는 가치를, 유기농^{organic}, 비유전자변형농산물^{non genetically modified organism, Non GMO}, 지속 가능한^{sustainable}, 생명역동농업^{bio-dynamic} 같은 단어로 표현합니다. 매장에 들어서면 방금 밭에서 뽑아온 듯 생생한 초록 이파리가 붙은 당근, 껍질에 싸인 채 열 맞춰 있는 옥수수, 꼭지에 잎이 달린 오렌지까지 보기만 해도 신선함을 느낄 수 있드록 진열하는 데도 신경 썼습니다. 전국 각지의 농장에서 모인 신선한 식품들은 그만큼 가격이 비쌉니다. 매장 한쪽에서는 각종 과일과 채소를 갈아 만든 스무디 한 컵에 20달러, 약 2만 6,000원에 판매하고 있으며, 이를 맛보기 위해 사람들은 길게 줄을 섭니다. 그런데 유전자변형을 하지 않고 지속 가능한 가치를 추구하며 생명의 순환을 중요시하는 유기농 매장에서 파는 제품들은 얼마나 환경친화적일까요?

〈친환경농어업법〉〈친환경농어업 육성 및 유기식품 등의 관리·지원에 관한 법률〉)에 따르면 땅에서 일어나는 자연적인 순환과 활동을 촉진하며 생태계를 건강하게 보전하기 위해 농약, 비료, 항생제 등 화학 물질을 사용하지 않고 만든 농수산물을 친환경 식재료로 분류합니다. 친환경 농수산물은 다시 유기농, 무농약, 무항생제로 구분됩니다. 그중에서도 유기농 제품군은 화학비료나 농약을 쓰지 않고 재배해서 수확하는 것을 말합니다. 이 제품들은 퇴비나 미생물을 이용해 작물을 키우고 지렁이나 우렁 등의 도움을 받아 병충해를 막습니다.

땅의 생명력을 살리고 환경도 회복시키는 데다 화학물질들을 투입하지 않으니 가격이 더 비싸도 유기농 제품을 구입하는 사람들이 있습니다. 특히 코로나19 때문에 건강에 대한 관심이 높아지면서 유럽, 미국뿐 아니라 우리나라에서도 유기농 제품을 판매하는 상점들이 매년 높은 성장률을 기록하고 있습니다. 사람들은 유기농 제품을 구입하며 '환경도 지키고' '나도 건강하기를' 기대하며 돈을 더 냅니다. 그러나 한편에서는 우리가 기대하는 가치를 유기농 제품이 제대로 지키지 못한다고 비판합니다.

먼저 유기농 제품을 가공한 식품들의 경우, 원재료들은 유기농일 수 있지만 완제품이 됐을 때는 친환경이 아니거나 건강하지 않은 식품일 수 있습니다. 예를 들어 유기농 우유는 멸균 처리 중에 좋은 영양소가 상당 부분 파괴되고 알루미늄으로 코팅한 두꺼운 종이

팩에 담깁니다. 소나 닭은 실제로는 자연에 방목해서 각자 먹이를 찾아 먹어야 진정한 유기 축산물입니다. 하지만 자연에 방목된 상태라면 농약을 뿌린 풀을 먹을 확률도 높기 때문에 축사에 가둔 채로 유기농 사료를 먹여 키웁니다. 그렇기 때문에 축사에서 자연 사료가 아닌 곡식을 먹고 크는 가축에게 발생하는 문제가 동일하게 일어날 수 있습니다. 또한 해외에서 수입하는 농산물의 경우, 수출국과 수입국의 유기농 기준이 다르기 때문에 화학물질을 쓰지 않고 재배하더라도 수출입 과정에서 보존제 처리를 하는 등 화학약품이 추가될 수 있습니다.

유기농 제품이 비싼 이유는 생산비용이 많이 들기 때문입니다. 해충방제나 제초제, 살충제를 쓸 수 없으며 그렇다고 병충해에 강한 유전자변형 종자를 사용할 수 없으므로 재배 과정에 노동력이 더 투입됩니다. 인건비만 문제가 되는 것은 아닙니다. 유기농 인증을 받으려면 여러 기준을 충족해야 하는데, 이 과정에서 시간과 비용이 많이 소모됩니다. 유기농법을 사용하면 화학비료를 뿌리지 못하므로 3년에 한 번은 콩을 심어서 땅에 질소가 흡수되도록 해야 하고 병충해에 강한 식물을 심어야 하는 등 제약이 많습니다. 예를 들어 우리나라는 땅에서 재배하는 과일, 채소 같은 농작물의 경우 그전에 땅에 뿌린 농약이 분해되는 시간을 지낸 뒤에야 유기농 인증을 받을 수 있습니다. 유기농 작물을 재배하고 싶은 농가는 유기농 인증기관에 심사를 요청한 뒤 3년 동안 합성농약과 화학비료를 쓰지 않고 수시로 토지와 작물 검사를 받습니다. 인증을 받은 후에도 매년 수시로 다양한 검사를 받아야 하는데, 그 과정에서 농작물이나 땅에서 농약이나 살충제 등의 성분이 검출되면 인증이 취소되고 해당 제품은 폐기해야 하므로 근처 농장에서 농약이 넘어오거나 농업용수에 살충제라도 섞일까 걱정하는 농장주가 많습니다. 실제로 어렵게 받은 인증이 취소되어 큰 손해를 본 농가의 사례에 대한 기사도 쉽게 찾을 수 있습니다. 또한 식물이나 동물의 분뇨를 삭힌 유기비료 역시 가격이 비싸기 때문에 생산비용은 높아질 수밖에 없습니다.

화학물질을 사용하지 않고 농작물을 재배한다면 온실가스 배출량이 줄어드는 것은 분명합니다. 그러나 한 국가의 농업 방식을 전부 유기농으로 바꿀 경우, 해당 국가의 온실가스 배출량은 줄어들겠지만 단위면적당 작물 생산량 역시 줄고 작물의 종류도 소비자 수요에 온전히 맞추기 어려워 해외로부터 식품을 수입하는 양이 증가할 것입니다. 결국 유기농법으로 인해 식품을 운송하는 과정에서 온실가스가 더 많이 배출될 수도 있다는 연구 결과도 있습니다.[12] 전 지구적 관점에서 보면 궁극적으로 가난한 나라에는 식량 위기가 발생할 수도 있습니다. 가난한 나라에서 재배되는 비싼 작물들이 해외로 수출되고 현지의 가난한 사람들에게 혜택이 돌아가지 않는 상황을 우리는 많이 목격했습니다.

주변에서 칠레산 돼지고기와 캘리포니아산 오렌지를 쉽게 볼 수 있듯이 음식이 먼 거리를 이동하는 건 흔한 일입니다. 이들 음식이 이동하는 거리를 측정하는 개념을 '푸드마일food mile'이라고 합니다. 시드니대학교에서 발표한 연구 결과에 따르면, 육류는 대표적으로 탄소를 많이 배출하는 식품이지만, 푸드마일 개념에 비춰 보면 과일이나 채소가 이동하며 발생하는 이산화탄소 배출량이 육류가 이동할 때 배출하는 양의 10배에 달합니다. 과일이나 채소는 무겁고 더욱 고도화된 냉장 배송시스템이 필요한 데다 섬세하게 포장해야 하며 짧은 시간에 소비자에게 전달해야 하기 때문입니다.[13] 게다가 이러한 수입 식품은 주로 부유한 나라의 사람들이 소비하는데, 이들은 다양한 식자재를 계절과 관계없이 비싼 비용을 주고라도 먹고 싶어 하기 때문에 맛보고 싶은 식자재라면 아무리 먼 거리에서라도 공수합니다.

이렇듯 환경을 생각한다면 유기농이 늘 정답인 것은 아닙니다. 유기농은 환경에 더 나쁜 영향을 끼치기도 하고 비싼 가격에도 먹는 사람을 위한 고급 선택지인 셈입니다. '환경친화적인' '지속 가능한' '농장의 회복'이라는 수식어를 달고 있지만, 사실은 그 음식을 먹을 수 있는 사람만의 건강을 위한 프리미엄 식품에 가깝습니다.

유기농이 먹는 사람의 건강뿐 아니라 환경까지 생각하는 선택이 되려면 몇 가지 조건에 맞아야 합니다. 먼저 제철 음식이어야 합니다. 다른 계절에 온실에서 재배되는 식품의 경우, 에너지를 써서 온도를 유지하기 때문에 탄소 배출량이 많을 수밖에 없습니다. 또 현지 상품이어야 합니다. 다른 지역 제품보다는 해당 지역에서 나는 식품이 이동 거리가 짧으니 탄소 배출량이 적습니다. 그러면 수입산이 국내산에 비해 더 나쁘기만 할까요? 꼭 그런 것은 아닙니다. 국제 운송의 경우 많은 양을 에너지 집약적으로 이동시키지만, 국내 운송의 경우 소량으로 운송하므로 더 많은 오염이 발생합니다. 하지만 대체적으로 가까운 지역에서 나는 제철 음식이 먼 지역에서 생산한 음식보다 환경에 더 좋은 것은 분명합니다.

GMO는 정말 건강에 안 좋을까?

'더 뛰어난 것도 뒤처진 것도 없다. 존재하는 모든 것은 제각기 소중하다'는 생각, 생명의 다양성을 인정하자는 생각은 많은 사람이 공유하는 가치입니다. 하지만 인류는 역사적으로 다양성을 줄이는 방향으로 유전자를 변형해왔습니다. 특히 식량이나 가축을 대상으로 한 인류의 이런 행동은 더욱 두드러집니다. 좋은 품종의 나무를 골라 키우고, 더 튼튼하고 수확량이 높은 밀과 쌀의 품종을 얻어서 농사를 지으며, 더 맛있고 탐스러운 채소와 과일을 선별해 재배합니다. 더 예쁜 꽃들을 중심으로 조경하고 입맛에 맞는 가축 종을 대량 생산해서 시장에 공급합니다.

품종개량은 식물이나 동물의 특성을 조작해 원하는 특성을 강화하거나 새로운 특성을 만드는 과정입니다. 이는 인류가 가축을 기르고 농사를 시작하면서 자연스럽게 시작되었습니다. 수천 년 동안 농업과 축산업에서 품종개량을 해온 셈입니다. 인류는 농작물을 재배하며 좋은 형질, 곧 큰 열매를 많이 맺으며 병충해를 잘 이겨내는 등의 특성이 있는 식물을 선별해 재배했습니다. 좋은 가축을 얻기 위해 튼튼한 소의 정자를 얻고자 노력하기도 했습니다. 이런 품종개량을 인위선택^{artificial selection}이라 합니다.

이후에는 인위선택 중 하나인 선택교배^{selective mating}에 도전했습니다. 인류에게 유용한 형질을 가진 개체를 선택해 교배하고 번식시키는 방식으로, 내가 원하는 종자를 만들어내기 위한 적극적인 품종개량을 말합니다. 대표적으로 감을 좀 더 부드럽게 만들기 위해 배추나 대추랑 교배하는 경우 또는 몸집이 크고도 빠른 새끼를 얻기 위해 큰 말과 빠른 말을 교배하는 경우가 이에 해당합니다. 신대륙이 발견되고 식민지 시대가 시작되자 열강의 과학자들에게 부여된 가장 중요한 임무는, 신세계의 식량과 가축 자원들 중에서 가장 우수한 종자를 교배해 사람들이 좋아할 새로운 생물자원을 육성하는 일이었습니다. 유전학이 완성되기도 전에 육종과 인위적 선택 방법으로 생명체의 유전자를 조작한 셈입니다.

이러한 선택적 품종개량에 가장 크게 기여한 사람이 우장춘 박사입니다. 초등학생 때 식물이 씨앗을 만드는 과정과 암술, 수술에 대해 배웠을 겁니다. 우장춘 박사는 배추와 양배추의 암수를 교잡해 새로운 종을 만들어냄으로써, 유전자를 변형하지 않은 식물의 선택교배 방법을 발견하고 성공적으로 발전시킨 과학자입니다. 사자와 호랑이를 교배하면 라이거라는 종이 나오지만 라이거는 번식을 할 수 없습니다. 이는 식물도 마찬가지입니다. 하지만 우장춘은 배추와 양배추의 암수를 교잡해서 새로운 종을 만들어낼 수 있다는 것을 보여줌으로써 식물의 선택교배 방식에서 획기적인 발견을 했습니다. 종-속-과-목-강-문-계로 구분되는 생물 분류학에서 '속' 이 같은 식물은 교배할 수 있다는 사실을 과학적으로 입증한 것입니다. 우장춘 박사가 당시 서구권에서 활동했다면, 당시 우리나라의 국력이 강했더라면 우리나라 최초의 노벨상 수상자가 되지 않았을까 생각될 정도로 당시 과학계를 뒤흔드는 발견이었습니다.

18세기 이후 과학 발전에 힘입어 유전학과 생물학도 놀랍게 발전했습니다. 식물 유전자의 상속, 변이에 대해 더 깊이 이해하고, DNA가 발견된 이후 유전자변형 기술이 눈부시게 발전했습니다. 그렇게 발전한 기술로 탄생한 것이 논란이 많은 GMO입니다.

GMO의 유전자변형 방식은 식물이나 미생물, 때로는 동물로부터 특정 유전자만 채취해 식물에 주입해서 새로운 형질의 식물을 창조합니다.

GMO에 대해 이야기할 때는 늘 조심스럽습니다. 과거 인간의 탐욕으로 인해 끔찍한 결과를 낳았던 적이 있기 때문입니다. 인간의 욕심이 더 좋은 식량을 얻는 것에 머물렀다면 다행인데, 더 건강하고 힘이 센 노예를 얻기 위해서도 이 방식을 시도했습니다. 자신의 혈통을 유지하며 후손을 선택하고자 노력하기도 했습니다. 유전에 대해 배울 때 빠지지 않는 예시로 등장하는 오스트리아 합스부르크 왕가의 경우, 순수 혈통을 유지하기 위해 반복한 근친혼 때문에 심각한 유전병을 앓았습니다. 합스부르크 왕가의 비극은 인간이 가진 탐욕의 정점이었고, 그 결과 신이 벌을 내린 것이라고 생각합니다.

그렇기에 GMO에 대해 사람들이 갖고 있는 거부감을 충분히 이해합니다. 특히 GMO를 문제 삼는 까닭은 '종의 다양성을 추구하는 것이 옳은 가치인데, 인간이 선별해서 변형하는 기술은 이에 반한다'는 믿음에서 나오는 거부감 때문일 수 있다고 생각합니다. 식물의 재배를 자연에 맡기지 않고, 실험실에서 과학자들이 유전자를 변형한 결과물을 식량으로 재배하는 것이 자연의 섭리를 거스르는 행위로 느껴질 수 있습니다. 그러나 과거부터 인류가 선별교배를 통해 얻은 식품이나 가축 역시 유전자를 인위로 변형하는 것과 마찬가지입니다. 인위적으로 새로운 DNA를 만들고 원하는 특성을 채택해 반복 재배함으로써 새로운 종자를 번식시키는 방식이기 때문입니다. 또한 '종의 다양성을 추구하고 자연발생하도록 하는 것이 옳다'고 알고는 있지만, 농부가 자연발생한 포도를 생산해서 공급해도 사람들은 마트에서 더 알이 굵고 탐스러운 포도를 고를 겁니다. 우리는 더 맛있고 좋은 포도를 먹고 싶고 더 비싸게 팔고 싶은 욕망을 억누르며 살 수 없을 겁니다.

인위선택해서 재배한 것과 GMO가 크게 다르지 않다면 GMO는 왜 뜨거운 감자가 되었을까요? 농부가 밭에서 난 작물 중 튼튼한 것을 반복해서 심는 것, 품질 좋은 두 가지 종의 암술과 수술을 교잡해 새로운 식품을 얻는 전통적인 방법과 달리, GMO의 유전자변형은 실험실에서 이뤄지는 것을 한 가지 이유로 꼽습니다. 실험실에서 현미경을 들여다보며 유전자를 바꾸는 것은 자연의 섭리를 적극적으로 거스르는 행위처럼 느껴집니다. GMO를 이용해 세계 열강이 식량 재배의 패권을 차지할 수 있다는 가능성도 하나의 이유입니다. 글로벌 거대 식량 기업이 전 세계 사람들의 식량인 밀, 콩, 옥수수, 콩 등의 생산량을 마음대로 결정하면 내 밥상을 위협하는 결과로 이어질 수도 있습니다.

글로벌 기업들이 GMO를 통해 강화하려는 식물의 특성은 대표적으로 해충과 제초제에 견디는 힘입니다. 농사를 지을 때 잡초를 제거하기 위해 대체로 제초제를 사용하는데, 제초제 때문에 키워야 하는 작물이 죽기도 합니다. 그런데 특정 제초제 성분에 강한 유전자를 옥수수에 주입하고 해당 제초제를 사용하면, 그 옥수수만 살아남고 나머지 식물들은 죽게 되므로 쉽고 빠르게 잡초를 제거할 수 있습니다.

유전자변형은 특정 성분을 강화하는 방식으로도 이뤄집니다. 유채(카놀라)의 경우, 기름 함량이 높은 유채로 유전자를 변형하기도 했습니다. 비타민A가 많이 포함된 쌀을 개발해 재배하기도 합니다. 미국, 캐나다, 아르헨티나, 브라질, 중국에서는 GMO 재배를 허용했습니다. 한편 우리나라는 GMO 중 대두, 옥수수, 유채, 면화, 사탕무, 알팔파(주로 사료용으로 가축에게 먹이는 풀)만 수입할 수 있고 재배는 금지하고 있습니다.

유전자를 변형해 재배한 식품을 섭취했을 때 건강에 문제가 생기지는 않을지에 대해서도 많은 사람이 걱정합니다. 저는 GMO에 대해서는 크게 걱정하지 않습니다. 동물의 유전자변형이나 줄기세포 기술을 활용할 때 가장 큰 문제점은 암세포가 발생해 증식할 위험이 크다는 것인데, 식물에서는 암세포가 세포 수준에서 발생하더라도 증식되지 않고 후대로 유전되지도 않아 암으로 인한 위험성이 낮습니다. 정확하게 말하자면 식물의 경우 암이 세포 수준에서 발생은 하지만 전이되지 않기 때문에 이를 섭취해도 생명이 위협받는 상황이 발생하지 않습니다. 달리 말해 동물의 유전자를 변형하면 암이 발생할 위험이 있으므로 이를 식품으로 사용할 경우에는 문제가 있습니다. 그러나 식물은 유전자를 조작하더라도 암으로 인한 위협이 없으므로 섭취해도 걱정할 필요는 없다고 봅니다.

다만 기존의 GMO에 대해서 개인적으로 우려하는 것은 항생제의 과오용입니다. 전통적으로 GMO를 만드는 기술은 항생제 내성 유전자를 활용합니다. 항생제 내성 유전자가 있는 GMO를 널리 사용하면, 자연에 존재하는 항생물질에 내성이 있는 병원균이 퍼지게 되고 공중보건에 문제가 될 수 있습니다. 하지만 최근 발견된 새로운 단계의 유전자변형 기술은 이러한 걱정까지 해소하며 농업계에 새로운 혁명을 일으켰습니다.

바로 'DNA 혁명'이라고도 불리는 '크리스퍼clustered regularly interspaced short palindromic repeats, CRISPR 유전자가위'를 이용한 유전자변형 기술입니다(국내에서는 김진수와 툴젠이 원천기술을 갖고 있으며 현재 툴젠과 CVC, 브로드연구소가 특허권을 두고 경합 중입니다). 크리스퍼는 쉽게 말해 특정 위치의 DNA를 정확하게 잘라낼 수 있는 기술입니다. 이 기술을 통해 만들어진 새로운 생명체는 유전자편집 생물체genome edited organism, GEO라고 부릅니다.

이 기술을 이용하면 변이를 일으키는 특정 유전자를 잘라내 질병에 걸릴 위험을 줄이거나, 특정 영양 성분을 합성하는 유전자를 강화해 건강에 더 좋은 식품을 만들 수 있습니다. 이 기술은 DNA가 있는 모든 생명체에 활용할 수 있지만 동물, 특히 인간에게 활용되었을 때는 윤리적인 문제가 발생할 가능성도 있습니다. 2019년 중국에서 유전자편집 기술로 쌍둥이 아기를 탄생시키자 과학자 몇몇이 연구 중단을 선언할 정도로 강력한 기술입니다. 그만큼 활용도가 높아서 의료 분야에서는 연구가 활발히 이뤄지고 있습니다. 최근 미국에서 개발한 '카스게비Casgevy'는 겸상적혈구증후군이나 지중해빈혈 환자에게 활용할 수 있는 치료제입니다. 이 약은 해당 빈혈을 일으키는 유전자를 편집해 재이식함으로써 치료 효과를 내며, 유럽에서도 승인을 받아 유전자편집 기술을 활용한 치료가 본격적으로 시작됨을 알렸습니다.

유전자변형 실험 중 가장 큰 위협은 세포의 비정상 변이입니다. 쉽게 말해 암 같은 세포가 생성되고 증식되는 겁니다. 식물에는 암이 전이되지 않기 때문에 위험한 변이가 일어나지 않으며, 유전자 가위 기술은 다른 생명체의 유전자를 주입하는 GMO와 달리 기존의 DNA를 잘라내 편집하는 기술이기 때문에 위험도가 낮다는 주장이 많습니다. 그런데 우리나라의 경우 제대로 된 법 체계나 규제가 없어서 유전자변형 식물은 연구만 가능하고 판매는 할 수 없습니다. 유전자가위 기술의 경우 국내 기업이 원천기술을 갖고 있는데도 국내법이 준비가 되지 않아 제대로 활용을 못 하는 셈입니다. 미국, 유럽 등지에서 해당 기술 발전에 국가적 관심과 지원을 아끼지 않는 만큼 우리나라도 속도를 맞출 필요가 있어 보입니다.

　GMO가 국가적으로 문제가 되었던 가장 큰 이유는 GMO 종자에 제초제를 끼워 팔았기 때문입니다. 식량 기업은 특정 제초제에 강한 GMO 종자를 개발함과 동시에, 해당 제초제를 함께 판매함으로써 시장을 독과점하려고 했습니다. 이 경우 해당 종자로만 농사를 짓다 보면 종자를 수입해서 재배해야 하는 국가의 농업 경쟁력은 떨어지기 때문에 GMO 수입을 막음으로써 자국의 농업을 보호하기도 했습니다. 우리나라의 경우 지금 당장의 농업 경쟁력을 지키기 위해서는 GMO의 재배를 막는 것이 도움이 됩니다. 그러나 GMO를 넘어 유전자편집 시대로 향해 가는 미래의 농업 경쟁력을 위해서는 규제를 현실화하려는 노력도 필요한 시점이라고 생각합니다.

어떤 기준으로 식사를 해야 할까?

저는 아이 셋을 키우고 있습니다. 아이가 셋이라고 하면 다들 '다복

해서 좋겠다'며 흥미로워하고 부러워하는 사람도 있습니다. 하지만 첫째는 자폐스펙트럼장애를, 둘째는 급성백혈병을 앓고 있으며 셋째는 기형종 때문에 태어나자마자 큰 수술을 받았다는 걸 알고 나면 저를 바라보는 시선이 안쓰럽게 바뀌곤 합니다. 그러면 재빨리 덧붙입니다. "다행히 둘째는 우리나라의 좋은 의료시스템 덕에 차도가 좋고, 셋째도 지금은 괜찮습니다."

주변만 둘러봐도 세 아이 모두 아플 확률은 낮아 보입니다. 아이들이 중환자실에 들어갔다 나오는 걸 지켜보면서 저와 아내는 죽음에 대해 좀 더 깊이 생각할 수밖에 없었습니다. 다른 사람들은 100세 시대를 준비한다는데, 우리 부부는 생각지도 못한 죽음이 내일 당장 닥칠지도 모른다는 생각을 더 자주 하며 삽니다. 주변 사람들은 걱정하지만, 역설적이게도 이런 환경 덕분에 우리 가족은 매 순간을 행복하게 살고 있으며 매일 주어진 시간을 소중히 여길 줄 압니다. 행복이 찾아오는 찰나를 느끼는 능력이 더 좋아진 듯합니다. 우리 가족은 의식하지 못한 사이에 매 순간을 '인생에 다시 오지 않을 최고의 순간'으로 생각하고자 노력하는 것 같습니다. 아픈 아이들이 있으니 친지들, 종교 모임, 사회복지사 선생님 등 주변 사람들의 감사한 도움을 받고 살 기회도 더 많습니다.

한편으로는 환경이 이렇다 보니 아내와 저는 병의 원인이 될 수 있는 물질에 대해 민감한 편입니다. 그리고 우리 아이들이 살아갈 환경을 보호하는 일에도 관심을 가질 수밖에 없습니다. 아내는 특히 아이들이 먹는 것을 주로 챙기다 보니 유기농 식재료에 관심이 많습니다. 그러나 저는 아내가 애용하는 유기농 제품 유통사에 불만이 있습니다. 거의 모든 유기농 제품에 '항암'이라는 단어를 붙여 둔 것을 발견했기 때문입니다. 모든 유기농 음식에 항암 효과가 있는지는 과학적으로 명확히 밝혀지지 않았습니다. 엄청나게 많은 새로운 화학물질이 생산되고 있지만, 이들의 잠재적 위험성을 하나하나 증명하기란 매우 어렵습니다. 때론 이 사실이 무섭고 절망적이기도 하지만, 새로운 문명의 혜택을 거부하며 살고 싶지도 않습니다. 그렇기 때문에 새로운 화학물질들의 홍수 속에서 우리 몸을 지킬 수 있도록 기준점을 세워야 합니다.

100퍼센트 옳다고 이야기할 수 없기 때문에 조심스럽지만, 저에게는 저만의 가이드라인이 있습니다. 참고문헌이나 전문가의 자문 없이 의사 결정을 해야 할 때 제가 확인하는 기준입니다.

첫째, 수용성 물질인지 지용성 물질인지 알아봅니다. 비타민 등 영양제를 먹을 때, 수용성 비타민은 큰 걱정 없이 먹지만 지용성 비타민이나 약은 전문가와 상의하고 먹습니다. 왜냐하면 우리 몸에 큰 해가 되는 물질은 물에 잘 녹지 않아서 농축될 가능성이 높습니다. 몸에 들어온 독성물질들은 간에서 대사되어 신장을 통해 소변과 함께 배출됩니다. 소변에 있는 '요소'는 물에 잘 녹지 않는 독성

물질들을 물에 녹을 수 있게 만들어 몸에서 배출되도록 도와주는 화합물입니다. 페트병에 든 음료를 섭취할 때 함께 섭취하는 '테레프탈산terephthalic acid'이나 캔 음료를 먹을 때 섭취하는 알루미늄은 물에 잘 녹아서 비교적 잘 배출됩니다. 테레프탈산이나 알루미늄을 쉽게 섭취하지만 건강에 치명적인 영향을 준다는 연구 결과는 없습니다. 그러나 중금속은 해롭습니다. 그 이유는 물에 잘 녹지 않아 체내에 한번 들어오면 잘 배출되지 않고 농축되기 때문입니다. 따라서 '물에 잘 녹는 물질은 물에 잘 녹지 않는 물질에 비해 덜 유해하다'는 가이드라인을 세울 수 있습니다.

둘째, '반응성이 좋은 물질'은 생명체에 유해한 경우가 많습니다. 인간의 몸은 산소, 탄소, 질소, 인, 칼륨, 칼슘, 황 등 다양한 천연화합물의 구성체입니다. 이들은 다양하게 조합되어 각자의 위치에서 피와 뼈, 근육, 체내 에너지 등으로 있다가 필요에 따라 구성을 바꾸며 생명을 유지합니다. 그런데 반응성이 좋은 화합물이 몸에 들어오면, 우리 몸을 지키는 수많은 천연화합물의 조화를 깨뜨릴 수 있고 위험한 경우도 있습니다. 예를 들어 산소는 살아가는 데 꼭 필요한 원소입니다. 그러나 우리 몸에 들어온 과량의 산소가 때로는 반응성이 좋은 과산화물들을 만들어냅니다. 활성산소라고도 하는 이 물질에는 과산화수소, 차아염소산염 등이 있습니다. 이 물질들은 세포와 반응해 세균도 죽이지만 정상세포를 공격하거나 DNA를 손상시키기도 합니다. 이런 과산화물을 제어하기 위해 항산화제를 섭취해야 합니다. 대표적인 항산화물질로는 비타민이 있습니다.

그러면 항산화물질은 우리 몸에 좋기만 할까요? 꼭 그런 건 아닙니다. 최근에는 영양제 종류가 다양해졌습니다. 구하기 쉬운 데다 효용이 다르기 때문에 한 번에 5~6개씩 섭취하는 사람들도 흔히 봅니다. 영양제의 효능을 다루는 프로그램이 자주 방영되고, 방송이 나간 뒤에는 관련 영양제 광고가 송출되어 영양제 구입을 부추깁니다. 하지만 의사의 처방을 받지 않고 영양제를 무턱대고 복용하면 위험합니다. 예를 들어 엽산은 태아의 신경관 형성과 관련이 있어, 임산부들이 꼭 챙겨 먹고 구하기도 쉽습니다. 그러나 암 환자들이 복용하면 암세포 증식에 영향을 줄 수 있으므로 조심해야 합니다. 그러니 반드시 전문가와 상담 후 섭취해야 합니다.

셋째, 에너지를 많이 갖고 있는 물질을 조심해야 합니다. 에너지가 강한 대표적인 물질은 우라늄과 플루토늄이 있습니다. 바로 방사성물질입니다. 암치료를 할 때 주로 쓰이는 방사선치료에서는 우라늄과 플루토늄을 몸에 미량 집어넣어 암세포를 파괴합니다. 몸에 주입한 이 물질은 몸 안에서 핵과 중성자로 분열하며 에너지를 방출합니다. 방사선치료의 핵심은 정확한 부위에 치료제를 투여하고 암세포를 소멸시키는 과정에서 정상세포의 손실을 최소화하는 데 있습니다. 방사성물질이 사람의 몸에 들어간 이후에는 제어할 수 없기 때문입니다. 이 때문에 사람들이 방사성물질을 두려워합니다.

후쿠시마 원자력발전소 사고 때 발생한 오염수를 바다에 방출하는 문제로 찬반 논쟁이 치열하게 벌어졌습니다. 원자력발전소 오염수 방류를 찬성하는 측의 주장에 따르면 오염수는 바다에서 희석될 것이고 개개인은 이것을 다량 섭취할 확률이 매우 낮습니다. 그러나 방사성물질이 일단 몸에 들어가면 체류하는 동안 강한 에너지를 내뿜을 것입니다. 이 물질들이 DNA의 변이를 유도해 신체를 위협할 확률이 생기는 것입니다. 특히 우리나라에서는 해조류와 수산물을 많이 섭취합니다 우리는 미역과 김뿐 아니라 다시마, 파래, 톳 등 다양한 해조류를 먹습니다. 멸치 같은 작은 물고기 등을 아예 섭취하지 않는 나라도 많은 반면, 우리는 반찬, 국물 요리 등에 자주 사용합니다. 게다가 일본과 지리적으로도 가까우니 큰 위협으로 느껴집니다. 백혈병으로 투병 중인 아이를 키우는 제 입장에서는 오염수 방류를 반대하고 싶습니다.

먹는 것만큼 일상에 맞닿아 있는 것이 없는 만큼, 우리는 살면서 먹는 것과 관련된 수많은 정보를 접합니다. 그 속에서 흔들리지 않기 위해서 여러분도 자기만의 식사 가이드라인을 세워보면 어떨까요? 그것이 환경을 보호하고 나를 위한 길이 될 수 있습니다.

과학이 필요한
새로운 미래

완벽한 에너지가 있을까?

현재 우리의 고민은 결국 더 이상 환경을 해치지 않고 풍족하게 쓸 수 있는 에너지를 찾아 지금의 삶을 유지할 방법이 있는가에 대한 것으로 보입니다. 나무를 에너지로 쓰던 시기를 지나 이제는 화석에너지가 세계를 움직이고 있습니다. 화석연료는 한정적이고 에너지 사용량은 계속해서 늘어나고 있으며, 앞으로도 더 좋은 것을 먹고 더 편리하게 살려면 우리는 결국 새로운 에너지원을 찾아야 합니다.

가장 완벽한 에너지원은 태양입니다. 태양이 방출하는 빛으로 지구의 생태계가 만들어졌고 인간이 탄생했으며 태양에너지를 품은 생명체가 땅에 묻혀 화석연료까지 생겨났습니다. 태양의 빛에너지는 끊임없이 지구에 공급됩니다. 식물은 태양전지처럼 태양으로부터 받은 빛에너지로 광합성해 필요한 영양소를 만들어 저장해둡니다. 중력 때문에 지구를 감싸는 온실가스가 태양의 열을 가두고 흡수하면서 열역학적 현상이 발생해 대기와 바닷물도 순환합니다. 지구 생태계에 있어 태양에너지는 가장 이상적인 에너지입니다. 하지만 이 완벽한 에너지를 인공적으로 만들 수는 없습니다.

이러한 숙제를 풀기 위해 수많은 과학자가 다양한 분야에서 대체에너지를 찾고 있습니다. 그런데 대체에너지 중 상당수는 왜 일상적으로 사용하지 않을까요? 대부분의 대체에너지는 지리와 기후 등 환경 조건이 매우 중요해 전 세계 어디에서든 보편적으로 사용할 수는 없기 때문입니다.

수력에너지는 대표적인 친환경에너지입니다. 높은 곳에 가둬둔 물이 아래로 떨어지면서 발전기의 터빈을 돌릴 때 생기는 운동에너지를 전기에너지로 바꿉니다. 수량이 풍부하고 산이 많은 스위스나 오스트리아에서는 자국 내에서 사용하는 전기의 50퍼센트 이상을 수력발전을 통해 공급하고 있습니다.

전기는 사용하는 시간에 따라 가격이 달라집니다. 낮처럼 수요가 많은 시간엔 비싸고 밤처럼 수요가 없을 때는 쌉니다. 그러니 재미있는 일도 벌어집니다. 스위스나 오스트리아는 전기 요금이 비싼 시간에 수력발전기를 돌려서(물을 떨어트려서) 자국 내에서 전기를 소비할 뿐 아니라 주변 국가에 수출하기까지 합니다.[1] 반면 전기 요금이 싼 심야 시간대에는 인접 국가로부터 전기를 수입해서 하부 저수지로 떨어졌던 물을 다시 상부 저수지로 끌어올리는 데 사용합니다. 다음 날 아침에는 밤새 위로 끌어올린 물을 다시 떨어트려 전력을 생산하지요. 스위스가 밤에 수입하는 전기는 프랑스의 원자력발전소에서 만들어집니다.

수력발전이나 화력발전의 경우 수요에 따라 공급을 조절할 수 있지만 원자력발전은 한번 반응하면 인위적으로 생산량을 조절할 수 없습니다. 낮 시간 수요에 맞춰 생산한 전기에너지는 밤에 사용하지 않으면 버려야 합니다. 프랑스는 밤 시간대에 원자력발전소에서 만들고 남은 전기를 스위스에 수출하는 겁니다. 스위스가 밤에 수입하는 전기량이 프랑스가 낮에 수입하는 전기량보다 훨씬 많지만, 수요가 많은 시간대에 수입하는 프랑스가 스위스에 훨씬 많은 돈을 지불합니다.

결과적으로 수력발전은 자연적으로 내리는 비로만 상부 저수지를 채워서 돌린다면 탄소를 배출하지 않는 방식이지만, 이는 불가능에 가깝습니다. 대부분 평지거나 국민이 마실 물도 부족한 나라에서는 시도조차 할 수 없는 전력 생산 방식입니다. 수량이 풍부하고 산이 많은 나라에서도 자연 현상에만 의존하면 필요한 전력을 제때 생산할 수 없으니 제대로 역할을 하지 못하는 발전소를 큰돈을 들여 만든 것이나 마찬가지입니다. 결국 물을 끌어올리기 위해 원자력 등 다른 발전 방식과 함께 사용하지 않으면 지속적이고 안정적으로 사용하기 어렵습니다.

풍력발전은 20세기 후반부터 친환경에너지원으로 평가받았습니다. 다른 에너지 발전에 비해 비교적 설비가 간단해 설치하기 쉬기 때문에 경쟁력이 있는 방식입니다. 특히 우리나라의 경우 국토가 좁고 땅값이 비싸서 바다 한가운데 설치할 경우 생산비용이 더욱 저렴해집니다. 실제로 최근 울산 해역에서 50킬로미터 떨어진 지점에 대규모 해상풍력발전소 건설이 시작된다고 합니다. 이런 해상풍력발전에서 가장 앞서가는 회사들은 아이러니하게도 거대 다국적 석유회사들입니다. 이들이 석유화학 산업으로 벌어들인 거대 자본을 청정에너지를 위한 인프라 구축에 쓰는 행보는 긍정적으로 보입니다만, 바다에 부유 석유 시추 시설을 설치하고 관리했던 기술을 활용해 부유식 해상풍력발전으로 미래의 에너지 패러다임을 지배하려고 하는 형태에 대해서는 비판적으로 바라봐야 합니다.

풍력발전은 단점이 뚜렷합니다. 첫째, 앞에서도 이야기한 소음 문제입니다. 풍력발전기는 보통 바람이 많이 부는 언덕 위에 세웁니다. 제주도의 풍력발전소를 방문했을 때 하얀 초대형 바람개비가 바닷가를 배경으로 한 푸르른 언덕 위에서 돌아가는 모습을 보는 것 자체로 마음이 편안해지는 듯했습니다. 하지만 가까이 다가가니 풍력발전기에서 나오는 소음이 너무나 커서 당장 그곳을 벗어나야 할 것 같은 공포감이 들었습니다.

둘째, 언제 얼마나 전기를 만들 수 있을지 생산량을 예측하기 어렵습니다. 바람이 너무 강하면 과열로 인한 화재 발생의 위험이 있고 블레이드가 부러질 수도 있어서 발전을 중단해야 합니다. 반대로 바람이 너무 약하면 생산된 전기를 버려야 할 때도 있습니다. 우리나라 전력의 표준 주파수는 60헤르츠입니다. 이는 발전기가 1초당 60번 회전해서 생산된 전기라는 의미입니다(나라마다 표준 주파수가 다른데 유럽의 영향을 받은 나라는 보통 50헤르츠, 미국의 영향을 받은 나라는 60헤르츠를 사용합니다). 만약 바람이 약하게 불어 발전기가 초당 60회 미만으로 회전한다면 전기가 생산되긴 하지만 전력 기준에 맞지 않아 사용할 수 없습니다. 한편 제주도처럼 바람이 많이 부는 지역에 설치된 풍력발전소의 경우, 발전소가 송전할 수 있는 양 이상으로 전기가 생산될 수 있습니다. 이때 생산된 남는 전기도 버려집니다.[2]

전력이 버려지는 문제를 해결하고자 과학자들이 한 가지 이용 방안을 제안했습니다. 약한 바람으로 생성된 비표준 전기를 수소 생산에 활용하는 것입니다. 현재 수소는 물을 전기로 분해해서 생산합니다. 풍력발전기 아래쪽에 물 저장탱크와 수소 저장탱크를 설치해 약한 바람으로 생산된 비표준 전기(60헤르츠 이하의 전기)를 버리지 않고 물 분해에 사용하면, 전기에너지와 수소에너지를 동시에 생산할 수 있습니다. 이 기술은 현재 전 세계에서 상용화하고 있습니다.

이러한 가능성에도 풍력발전 역시 모든 자원을 대체할 만한 에너지원은 아닙니다. 태풍처럼 강한 바람이 불 경우에는 발전기가 망가질 우려가 있고 한겨울에는 얼음이 맺힌 블레이드가 회전할 경우 얼음 조각들이 주변으로 날아가 피해를 입힐 수 있습니다. 그렇기 때문에 해상 또는 사람이 살지 않는 빈 대지에만 설치할 수 있습니다.

또한 비교적 설치가 쉬운 발전 형태이기는 하지만, 거대한 블레이드의 수명은 태양광 패널과 비슷한 20년입니다. 블레이드는 기둥에 고정되어 바람이 불면 돌아야 하기 때문에 가벼우면서도 태풍 같은 거센 바람을 견뎌야 합니다. 따라서 섬유 강화 플라스틱, 에폭시, 유리, 탄소 소재, 철, 알루미늄 등 온갖 물질을 조합해서 만듭니다. 20년 이후 수명이 다한 블레이드는 견고한 만큼 환경에서 잘 분해되지 않을 것이 분명한데, 현재 설치된 풍력발전소의 블레이드 수명이 얼마 남지 않은 나라가 많아 그 처리 문제도 재활용 분야의 숙제입니다.

알베르트 아인슈타인^{Albert Einstein}은 한때 우리나라 TV 광고에도 등장한 $E=mc^2$이라는 특수상대성 이론을 정립한 것으로 유명합니다. 그러나 1921년 아인슈타인에게 노벨물리학상을 안겨준 건 광전효과입니다. 광전효과란 금속에 빛을 비추면 금속 표면에서 전류가 흐르는 현상을 가리키며 아인슈타인은 빛을 입자이자 파동인 '광양자'라고 이야기했습니다. 이후 이 이론은 다른 과학자들이 사실로 입증했습니다. 이 발견은 반도체에 빛을 비춰 전기를 생성하는 태양전지 개발의 기반이 되었습니다. 우리나라는 2000년 초까지만 해도 한여름의 전력 피크 시간에 전력 공급이 갑작스럽게 중단되는 '블랙아웃'의 위험이 늘 있었습니다. 하지만 태양광발전의 보급으로 2020년 이후 블랙아웃을 걱정할 필요는 당분간 사라졌을 만큼 큰 도움을 받고 있습니다.

우리나라 태양광발전의 현황

우리나라의 태양광에너지 발전량은 시간당 2016년 5,122만 441메가와트에서 시작해 2020년에는 1,929만 3854메가와트로 매년 꾸준히 늘어나고 있습니다. 그중 합천에 있는 수상태양광발전소는 국내 최대 규모를 자랑하며 매년 6만 명이 가정에서 사용할 수 있는 56기가와트를 생산하고 있습니다.

　태양광발전소는 평지보다 땅값이 싼 산지에 설치하는 경우가 많은데, 녹지에 설치하니 식물의 광합성 활동을 방해하는 단점이 있습니다. 산림을 훼손하다 보니 태양광 패널을 설치한 지역에서 산사태가 일어나기도 합니다. 사람이 살지 않는 땅이 많은 나라는 자유롭게 태양광 패널을 설치하겠지만, 우리나라는 땅값이 비싸고 산이 많기 때문에 태양광발전으로 화석에너지를 전면 대체하는 데는 한계가 있습니다. 우리나라의 전체 전력을 태양광발전으로만 생산하려면 전체 국토 면적의 7퍼센트에 태양광 패널을 설치해야 합니다.

　패널은 설치했다고 끝이 아닙니다. 태양광발전소에서 사용하는 에너지저장장치energy storage system, ESS는 노후되면 화재 발생 위험이 높아집니다. 에너지저장장치는 보통 배터리를 이용하고, 배터리는 사용 빈도가 많아질수록 저항이 생겨서 효율은 떨어지고 화재 발생

확률이 높아집니다. 특히 가장 핵심인 태양광 패널의 효율을 높이기 위해서는 에너지저장장치를 주기적으로 청소할 뿐 아니라 20년 주기로 교체해야 합니다. 수명이 다한 태양광 패널에서도 중금속이나 유기물이 누출될 수 있습니다. 따라서 현재의 화석에너지를 대체할 만한 주 에너지원이 되기엔 많은 어려움이 있습니다.[3]

위험한 원자력발전을 중단하지 못하는 이유

원자력발전은 강력한 에너지를 가진 원자(주로 우라늄)의 핵분열 과정에서 나오는 열로 물을 끓인 뒤, 그 수증기로 터빈을 돌려 전기를 생산하는 발전 방식입니다. 원자력발전에 사용하는 원자들은 방사능을 오랜 기간 배출합니다. 그래서 원자력에너지를 활용하려면 제어 기술이 정교해야 하고, 예측하지 못한 사고가 일어났을 때 큰 희생이 뒤따를 수 있다는 것을 원자폭탄과 원자력발전소 사고들을 통해 배웠습니다.

이렇게 위험한데도 기후변화의 현실적 대안으로 원자력발전을 배제하지 못하는 까닭은 원자력의 특징 때문입니다. 원자력은 강력한 힘을 갖고 있지만 탄소를 전혀 배출하지 않는 에너지원입니다. 1킬로그램의 우라늄이 완전히 분열한다면 석탄 3,000킬로그램을 태운 것과 같은 양의 에너지를 얻을 수 있습니다. 석탄을 태울 때 발생하는 이산화탄소 등 오염물질은 배출하지 않습니다. 또한 날씨 변화나 지형에 관계없이 365일 밤낮으로 전력을 생산할 수 있습니다.

현재로서는 효과적인 대체에너지 자원으로 원자력 외에 다른 선택지를 찾기 힘듭니다. 온실가스 배출 저감 운동을 적극적으로 펼치는 빌 게이츠^{Bill Gates}는 2008년 원자로 설계회사 테라파워를 설립해 원자로를 개발하고 있습니다.[4] 2010년 버락 오바마^{Barack Obama} 행정부는 30년 만에 처음으로 새로운 원자력발전소 건설을 지원하는 등 원자력 르네상스를 제안했습니다. 조지아주에 원자력발전소를 건설하는 것만으로도 3,500개의 건설 관련 일자리와 800개의 영구적인 일자리가 창출되어 경제적 필요도 충족시킬 수 있었습니다. 또한 온실가스 배출까지 줄일 수 있으니 환경적 필요까지 충족될 듯했습니다.

그러던 중 누구도 예상치 못한 사고가 발생했습니다. 2011년 3월

💡 **최소한의 환경지식**

미국 원자력발전 동향

국제적으로 이산화탄소 배출을 규제하는 실질적 움직임은 1997년 교토에서 개최된 지구온난화 방지를 위한 교토의정서에서 시작되었다고 볼 수 있습니다. 이 의정서를 통해 캐나다, 미국, 일본, EU 등 37개국은 온실가스 배출량을 2005년부터 실질적으로 감축하기로 했습니다. 그러나 2001년 미국에서 부시 행정부가 등장하면서 상황이 달라졌습니다. 미국 석유화학 기업의 후원을 받았던 부시 행정부가 고용 안정을 이유로 교토의정서를 탈퇴한 것입니다. 이후 미국은 정권이 바뀔 때마다 기후협약 참여 의사를 바꾸고 있습니다.

일본에서 동일본 대지진이 발생한 것입니다. 지진과 곧이어 발생한 해일로 인해 후쿠시마 원자력발전소의 원자로가 폭주하고 방사능 누출 사고가 발생했습니다. 이는 오바마 행정부가 추진한 원자력발전소 건설과 온실가스 배출량 감축 계획을 백지화해야 한다는 것을 의미했습니다. 이 사고의 여파로 세계 원자력발전소시장의 절반을 점유했던 웨스팅하우스와 이를 인수했던 일본 도시바가 몰락하는 등 세계적으로 엄청난 파급효과가 일어났습니다.

원자력발전소에는 엄청난 양의 냉각수가 필요합니다. 핵연료가 높은 열을 발생시켜서 원자로를 제어하는 데 냉각수를 사용하기 때문입니다. 이에 대비해 원자력발전소는 대부분 물 자원이 풍부한 하천이나 해안 근처에 설치합니다. 후쿠시마 원자력발전소 역시 태평양 연안에 설치했습니다. 그런데 해수를 순환시키는 펌프가 지진으로 고장 나서 원자로의 열을 제어하지 못하고 폭발하며 세계적인 환경 재앙이 펼쳐진 것입니다.

한편 유럽의 많은 나라는 이미 후쿠시마 원자력발전소 사고를 예견이나 한 듯 일찌감치 탈원전 정책을 추진하고 있었습니다. 스웨덴은 1980년, 네델란드는 1994년, 독일은 2001년, 벨기에는 2003년에 원자력발전을 중단하겠다고 선언했습니다. 후쿠시마 원자력발전소 사고 이후로는 이탈리아와 스위스가 탈원전 정책을 선언했으며, 독일은 정치적 선언에 그치지 않고 2023년 독일 남서부

바덴뷔템베르크의 마지막 원자력발전소 가동을 멈춤으로써 독일 내의 원자력발전소 가동을 완전히 중단했습니다. 2011년, 후쿠시마 원자력발전소사고 당시 독일은 발전량 기준으로 세계 5위의 원자력발전 국가였으며, 자국 생산 전력 중 25퍼센트를 원자력발전으로 생산하고 있었습니다.[5]

유럽은 왜 원자력발전소를 멈춰 세우기로 했을까요? 표면적인 이유는 다를 수 있겠지만 유럽 과학자들과 논의한 경험으로는 '기후변화로 인한 하천과 지하수 수위'가 낮아지고 있었기 때문입니다. 또한 기후학자들은 유럽을 관통하는 하천의 수위가 앞으로도 더 낮아질 것으로 예측합니다.[6] 바닷가에 원자력발전소를 설치한 우리나라, 일본, 미국, 중국 등과 달리 꽤 많은 유럽의 원자력발전소가 강변에 설치되어 있습니다. 기후변화로 유럽의 강물과 지하수 수위가 동시에 낮아지는 상황은 원자력발전소에 필수인 원자로 냉각수가 감소한다는 의미입니다.

독일이 유럽의 탈원전을 주도하는 이유가 특정 정당의 정치적 견해 때문만은 아닙니다. 지리적으로 독일의 원자력발전소들은 라인강을 포함한 하천에 건설되었습니다. 또한 독일은 체르노빌 원자력발전소 사고로 그 위험성을 가까이에서 목격했습니다. 기후변화로 인해 하천 수위가 낮아지고, 하천 근처에 설치된 원자력발전소의 원자로 제어가 어려워질 것이라는 예측에 독일 내에서 원자력발전 중단에 대해 국민적으로 합의한 것입니다.

하지만 현실적으로는 탄소중립을 달성할 수 있는 대안을 찾기도 어려운 상황이기 때문에 원자력발전을 계속하되 좀 더 위험을 낮추려는 연구가 계속되고 있습니다. 원자로 냉각 문제가 원자력발전소에서 가장 중요하므로, 최근에는 소형모듈식원자로small modular reactor, SMR 사용을 제안합니다. 이론적으로 SMR 기술을 사용하면 공기만으로도 원자로를 냉각할 수 있습니다. 하지만 인간은 늘 완벽하지 않고 실수를 통해 배워서 기술을 발전시켜왔습니다. 따라서 새로운 기술을 완전히 믿어서는 안 됩니다. 기존의 원자력발전소는 대형 발전소로서 철저히 관리해왔다면, SMR은 소형 원자로들이 사회 곳곳에 설치되는 형태로 보급되는 것이므로 관리 감독이 철저하게 이뤄지기 어려울 수 있어 사고의 위험이 더 높아질 수 있습니다. 그리고 원자로가 소형화되면 효율은 낮아지므로 핵폐기물 발생량은 최소 2배에서 최대 30배까지 늘어날 것으로 예측됩니다. 이 폐기물을 어떻게 처리할지도 해결해야 할 문제입니다.[7]

개인적으로 원자력은 탄소중립을 이루기 위해 어쩔 수 없이 사용해야 할 대체에너지원이라고 생각합니다. 원자력발전을 하면 탄소세나 탄소 배출량을 줄일 수는 있지만, 환경오염 문제의 궁극적인 해결책이 될 수는 없기 때문입니다. 왜냐하면 온실가스는 나오지 않더라도 방사성 폐기물이 발생하는데, 이는 태울 수도 없어서 밀폐한 상태로 땅속 깊은 곳에 묻어야 합니다. 방사성 폐기물에는 발전에 사용된 우라늄뿐 아니라 원자력발전에 사용된 각종 장비, 도구, 직원들이 입은 옷도 포함되므로 그 양이 꽤 많습니다.

그 밖에도 우리는 다양한 방식으로 에너지를 얻고 있습니다. 예를 들어 불에 잘 타지 않는 쓰레기는 매립하지만 불에 잘 타는 쓰레기는 태워서 에너지로 활용합니다. 지역난방공사 발전소가 대표적입니다. 비닐류나 타는 쓰레기는 이곳에서 태워 난방도 공급하고 전기도 생산합니다. 또 땅속으로 깊이 들어가면 점점 온도가 높아집니다. 지열발전은 이 땅의 열을 이용해 물을 데운 뒤 수증기의 힘으로 터빈을 돌려 발전합니다. 화산이 많은 아이슬란드나 일본은 지열발전에 유리합니다. 국토 면적이 넓은 미국, 캐나다 등지에서도 현실적인 대체에너지로서 냉난방 등을 위한 에너지로 지열발전을 이용하는 추세입니다. 제가 아는 뉴욕주립대 교수는 자택을 새로 지으면서 에너지원 중 하나로 지열발전을 선택했습니다. 하지만 우리나라는 인구 밀도가 높고 2017년에는 지열발전소 가동으로 유발된 포항 지진 때문에 지열발전 활용이 더 어려워진 듯합니다. 하지만 지열은 친환경에너지로서 세계적으로 활용하는 추세이기 때문에 안전하면서 효과적으로 사용하기 위해 사회 전체가 고민할 필요가 있다고 생각합니다.

또한 태양에너지를 우주에서 전기로 만들어 약하게나마 지구로 전송하는 데 성공했다는 기사도 보았습니다. 하지만 이를 실현하는 데 막대한 에너지를 써야 하기 때문에 현재로서는 실제 이용 가능성이 매우 희박합니다.

새로운 에너지원을 찾아라

바이오가스

예전에 사람들의 호기심을 직접 실험을 통해 확인해주던 〈호기심 천국〉이라는 방송 프로그램이 있었습니다. 시청자가 "페트병으로 만든 배를 타고 강을 건널 수 있을까?" 같은 다소 엉뚱한 질문을 보내면, 제작진이 해당 분야 전문가의 도움을 받아 실제로 수행해보는 방송이었습니다. 어느 날 주제는 '방귀'였습니다. "방귀에 불을 붙이면 진짜 폭발하나요?"라는 질문의 답을 확인하기 위해 제작진은 실험을 진행했습니다. 수십 명의 방귀를 풍선에 모아서 불을 붙이자 정말 '펑' 하고 폭발했습니다.

폭발한다는 것은 에너지가 있다는 의미입니다. 일부 가난한 국가에서는 잘사는 나라의 쓰레기를 돈을 받고 수입하기도 합니다. 이러한 쓰레기들이 만든 섬에서 주로 발생하는 문제는 폭발사건입니다. 우리나라에서도 불법으로 버려진 쓰레기더미에서 화재사건이 발생한 적 있습니다. 이런 곳에서 불이 나기 쉬운 까닭은 산소가 없는 조건에서 자라는 미생물(혐기성미생물)이 음식물쓰레기, 소변, 대변, 분뇨 등 유기물 쓰레기들을 분해하

면서 메탄 같은 바이오가스biogas가 누출되기 때문입니다. 이 가스가 발화원을 만나면 갑자기 폭발하고 화재가 발생하는 것입니다.

예전에는 모든 쓰레기를 분리수거하지 않고 한데 매립했습니다. 제가 다니던 고등학교 근처에 쓰레기 매립장이 있었는데, 매립장 곳곳에는 폭발을 방지하기 위해 기다란 쇠 파이프가 꽂혀 있었습니다. 토양의 미생물들이 산소가 차단된 상태에서 쓰레기 중 음식물, 분뇨 등을 분해하며 발생하는 메탄이 대기 중으로 배출될 수 있도록 설치한 것입니다.

이처럼 공기 중으로 배출되던 가스를 환경공학자들이 모아서 에너지원으로 사용하기 시작했습니다. 그로 인해 유기물 쓰레기들은 '유기성 폐자원'이라는 새로운 이름을 부여받았고, 쓰레기가 분해되며 발생하는 가스는 바이오가스가 되었습니다(물론 땅속에 있는 천연가스도 지구에서 살았던 생명체의 유기물들이 가스화된 것입니다).

인간과 가축의 분뇨는 정화조를 통해 하수처리장으로 이동합니다. 미생물들이 한데 모인 분뇨를 분해하면서 바이오가스가 발생합니다. 산소를 차단한 거대한 밀폐 공간에 분뇨를 보관하면 혐기성

미생물들이 바이오가스를 만들어냅니다. 그렇게 발생한 메탄가스
는 공기보다 가볍기 때문에 밀폐된 공간에 파이프를 꽂아 놓으면
바이오가스를 회수할 수 있습니다. 회수한 가스는 지역난방 연료
등으로 재활용합니다. 음식물쓰레기도 비슷한 방법으로 분해해 연
료로 사용합니다.

　이러한 유기성 폐자원 처리시설을 혐오시설로 여기는 사람도 많
습니다. 하지만 일본 도쿄의 시나가와역(우리나라로 치면 서울 수서역쯤
될 듯합니다. 땅값이 매우 비싸고 유동인구가 많은 곳입니다)에 있는 '노천 하
수처리장'은 고층 건물로 재탄생했습니다. 하수는 혐기성미생물이
처리하기 때문에 하수처리시설은 건물 지하에 매립했습니다. 그리
고 그 시설에서 생산되는 바이오가스는 주민들이 사용하는 건물과
수영장에 난방을 공급할 때 사용합니다. 기존의 거대한 하수처리장
은 도심 속 공원으로 탈바꿈했습니다. 따라서 쓰레기 처리시설 설
치를 무조건 반대하지 말고, 환경공학자들이 노력해 만들어낸 산물
을 열린 마음으로 받아들여주길 바랍니다.

바이오매스, 바이오에탄올

'저 커다란 마시멜로는 뭘까?'

　추수가 끝난 논에 아주 큰 마시멜로처럼 생긴 하얀 덩어리들이
군데군데 놓여 있는 것을 본 적 있나요? 바로 추수가 끝나고 쌀알을

털어낸 볏짚 등을 모아둔 겁니다. 쓸 데가 있어서지요.

미국 중부의 도로를 달리다 보면 옥수수밭이 끝도 없이 이어지는 풍경을 볼 수 있습니다. 옥수수는 이미 식량으로서는 충분한 양을 재배하기 때문에, 미국 식품 기업들은 남는 식량자원이나 식량을 만들고 난 부산물들을 다른 방식으로 활용하는 방법을 고민하기 시작했습니다. 공학자들은 옥수수를 생산하고 남은 식물의 찌꺼기인 '바이오매스biomass'를 활용해 친환경 플라스틱과 바이오에탄올bioethanol을 만드는 데 성공했습니다.

바이오매스란 열매를 제외한 식물의 모든 것이라 생각하면 됩니다. 추수한 뒤 쌀을 털어내고 남은 나머지 모든 유기물이 바이오매스입니다. 열매를 맺지 않는 풀이나 나무는 그 자체가 바이오매스입니다. 바이오매스에서 얻어낸 친환경 플라스틱과 바이오에탄올은 이미 상용화되었습니다. 미국 주유소에 가면 휘발유에 5~10퍼센트의 친환경 에탄올이 혼합되어 있다는 안내 문구를 볼 수 있습니다. 코카콜라는 바이오매스 소재로 만든 페트병에 음료를 담아 판매합니다.

그러나 이 기술의 한계 역시 숫자와 통계를 통해 들여다볼 수 있습니다. 전 세계에서 매년 약 300억 배럴(무게로는 약 45억 톤)의 석유를 소비합니다. 대표적인 바이오매스인 옥수수는 연간 약 10억 톤이 생산되며, 바이오어탄올은 2022년 기준 약 2억 톤 정도 생산되기 때문에 전 세계 인구의 석유 사용량 45억 톤을 대체하는 것은 현실적으로 불가능합니다.[8] 게다가 버려지는 농산물을 활용하는 바이오매스를 주 에너지원으로 사용할 경우, 수요와 공급에 따른 가격 변동 때문에 곡물 등 식량 가격이 요동치거나 이로 인해 인플레이션이 발생하면 전 세계적으로 혼란이 일어날 수 있습니다.

더욱이 바이오매스로 플라스틱을 만들고 바이오에탄올을 연료로 소모하면 결국 이산화탄소는 다시 대기로 배출됩니다. 이러한 바이오매스 기술은 동일한 제품을 만들 때 이산화탄소 발생을 저감시킬 뿐 대기 중 이산화탄소 농도를 줄이는 역할은 하지 못합니다.

배출량보다 흡수량을 높여라

매년 대기 중으로 배출되는 온실가스의 양은 510억 톤 이상이며 이산화탄소는 대표적인 온실가스로 지구온난화를 가속화합니다. 그중에서도 화석연료 연소와 시멘트 생산으로 인한 전 세계 이산화탄소 배출량은 2022년 기준 360억 톤에 이르며, 불행하게도 매년 증가하고 있습니다.[9]

이산화탄소 배출량이 계속 증가하자, 단순히 배출 속도를 늦추는 걸 넘어 넷제로Net-zero와 탄소네거티브Carbon negative 개념이 대두되었습니다. 넷제로는 지구에서 생성되는 탄소량과 흡수되는 탄소량이 동일해서 배출량이 '0'이 되는 것을 말합니다. 탄소네거티브는 넷제로에서 한발 더 나아간 개념으로, 탄소 배출량보다 흡수량이 더 많은 상태를 말합니다.

이를 실현하기 위해 대기 중에서 이루어지는 이산화탄소 포집 및 저장^{carbon capture and storages, CCS} 기술이 오랫동안 연구되었습니다. CCS 기술은 크게 세 가지로 나눌 수 있는데, 공기 중에서 직접 포집하는 DAC^{direct air capture}, 해양저장 그리고 광물 탄산염화입니다. 주로 대기 중의 이산화탄소를 직접 포집하는 DAC 방식이 이산화탄소 포집의 주류입니다. 각각의 기술들은 융합되는 경우가 많습니다. 예를 들어 이산화탄스 포집 분야에서 세계적 기업인 클라임웍스^{Climeworks}는 아이슬란드에서 대기 중의 이산화탄소를 포집해 바닷물에 녹인 다음 이산화탄소를 탄산 광물화해 땅속에 저장합니다.

대기 중의 이산화탄소를 포집하기 위해 크게 흡수제^{absorption}, 분리막^{membrane}, 흡착제^{adsorption}라는 세 영역에서 기술 개발이 활발히 진행되고 있습니다. 먼저 팬을 돌려 대기 중 이산화탄소를 흡착시킵니다. 흡착된 이산화탄소는 흡착제에서 분리해야 이산화탄소 절감 효과가 있습니다(흡착제를 만드는 데도 이산화탄소가 배출된다는 사실을 염두에 두어야 합니다). 이산화탄소를 흡착제에서 분리하려면 100도 이상의 열을 가해야 합니다(에너지를 태우는 과정에서도 이산화탄소는 발생합니다). 이렇게 분리한 이산화탄소를 다시 물에 녹여서 탄산으로 광물화합니다. 이후 그 광물을 에너지를 써서 땅속 깊이 매립합니다. 이 과정에서 새롭게 발생하는 이산화탄소의 양도 만만치 않지만 LCA 평가를 해보면 배출한 이산화탄소의 양보다는 흡수된 양이 더 많습니다. 이는 아이슬란드의 지형적 특성 덕분입니다. 아이슬란드에는 화산지대가 많아 지열이 자연적으로 발생하는데, 이산화탄소를 포집하는 데 지열에너지를 사용하기 때문입니다. 현재 전 세계적으로 이산화탄소를 포집하는 기업들은 지열에너지를 활용하고, 이 방식은 가장 현실적인 대안으로 학계와 산업에서 인정하고 있습니다.

하지만 이 기술을 에너지가 비싼 다른 나라에서도 사용하는 것은 어렵습니다. 특히 우리나라에서 이 공정을 그대로 도입하려면 2017년에 발생했던 포항 지진 같은 사건이 다시 발생할 위험이 있으므로 지열에너지를 사용하는 것에 대해 국민적인 공감을 얻기가 어렵습니다. 지열을 활용하기 위해 고압의 물을 땅으로 주입하다가 포항 지진이 발생했기 때문입니다. 공기 흡입이나 이산화탄소 포집 공정에는 많은 양의 열에너지가 발생하고 전기에너지를 사용하기 때문에 이산화탄소 농도가 높지 않은 일반적인 환경에서는 흡수하는 이산화탄소보다 공정을 돌리는 에너지가 많이 들고 이산화탄소 배출량도 더 많아 배보다 배꼽이 더 커지는 결과가 나타나게 됩니다.[10]

바다에 미래가 있다

바다는 이산화탄소로 고통받는 현실을 해결해줄 수 있는 또 하나의 가능성입니다. 바다는 헨리의 법칙Henry's Law에 따라 매년 대기 중으로 배출되는 이산화탄소의 30~40퍼센트를 흡수합니다. 인간이 발생시키는 탄소의 거의 절반을 매년 흡수하고 있는 셈입니다. 바다는 이산화탄소를 그대로 품는 것이 아니라 탄산과 중탄산 상태로 저장합니다. 이 농도는 대기에 비하면 거의 100배 이상 높은 상태입니다. 우리는 아직 바다에 대해 속속들이 알지 못하지만, 대략 3만 8,000기가톤의 이산화탄소를 저장하고 있다고 추정하고 있으며, 이는 대기가 품고 있는 이산화탄소 저장량보다 약 45배가량 많은 수치입니다.[11]

대기 중의 이산화탄소는 주로 분압차와 파도의 영향으로 해수면에서 흡수됩니다. 분압은 대기 중의 이산화탄소 농도라고 생각하면 됩니다. 대기 중에 이산화탄소의 양이 많으면 바다에 이산화탄소가 더 많이 녹습니다. 반면 이산화탄소의 양이 적으면 바다에 녹아드는 양이 줄어듭니다. 그러나 최근 대기 중의 이산화탄소가 급격히 증가하면서 지구 곳곳에서 해수면의 이산화탄소 농도가 포화 상태에 이른 지역이 늘고 있습니다. 해수면의 이산화탄소 농도가 포화

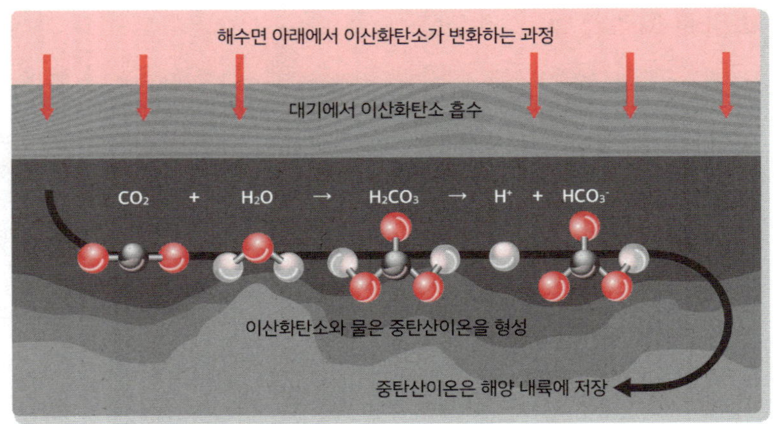

해양 환경에서 이산화탄소가 흡수되는 과정[12]

되면 바다가 이산화탄소를 예전만큼 많이 흡수하지 못할 수 있습니다. 심각한 경우, 해수의 평형이 깨지면 바다에 흡수된 이산화탄소가 대기로 방출될 수도 있습니다.

이산화탄소가 계속 바다로 흡수되는 것이 좋은 일만은 아닙니다. 매년 100억~200억 톤의 이산화탄소가 바닷물에 녹습니다. 그리고 이산화탄소 하나가 탄산으로 바뀌면서 산이온이 함께 발생합니다. 곧 이산화탄소가 바다에 녹아들어 가면서 약 100억 톤의 염산을 바다로 매년 들이붓는 것과 마찬가지이므로 바다의 산성화도 가속화됩니다. 바다가 산성화되면 산호초와 조개 등의 해양생태계가 위협받을 수 있습니다. 그러나 바다가 이산화탄소를 흡수하는 이러한 특징들을 역이용하면 기후변화의 해결책을 만들 수 있습니다.

빌 게이츠의 책《빌 게이츠, 기후재앙을 피하는 법How to Avoid a Climate Disaster》을 읽은 뒤 저는 전공을 활용해 대기 중의 이산화탄소를 제거하는 데 도움이 될 수 있는 방법을 구상했습니다. 제가 생각한 키워드는 '해양' '해조파울링marine algae fouling'입니다. 해조파울링이라는 용어가 많이 낯설 겁니다. 파울링이란 어떠한 표면에 다른 물질이 붙어 막이 생기거나 얼룩이 생기는 현상을 말합니다. 제가 연구하는 해조파울링은 바다에서 해조류 씨앗이 접착하는 현상, 곧 어딘가에 붙어서 자라는 현상을 말합니다.

먼저 해양표층수에 이산화탄소가 과포화되어 있다는 점에 주목했습니다. 이산화탄소를 땅속에 저장할 경우, 이산화탄소를 저장하기 쉬운 형태로 농축시키는 데 많은 에너지와 비용이 들어갑니다. 그러나 바다에서는 이러한 공정을 거칠 필요가 없습니다. 바다는 흡수한 이산화탄소를 고농도의 탄산염과 중탄산염으로 저장하기 때문에, 대기 중에서 이산화탄소를 포집하는 것보다 훨씬 효율적으로 많은 양을 저장할 수 있습니다.

심해에서 이산화탄소를 포집하면 해양 산성화도 억제할 수 있습니다. 앞에서도 말했듯이 이산화탄소가 물에 녹으면 해양이 산성화되는데, 이때 해양의 표층인 해수면 아래 10미터 정도만 산성화됩니다. 바다 표층의 이산화탄소를 심해로 보낸다면 표층이 수용할 수 있는 이산화탄소량이 늘어 더 많은 대기 중의 이산화탄소를 흡수하게 됩니다. 심해에는 엄청난 저장 능력이 있는 셈입니다.

그 밖에도 해수면에 탄산과 중탄산 형태로 포화된 이산화탄소를 제거하는 방법은 다양합니다. 첫 번째 방법은 해조류 양식입니다. 해조류는 우리나라, 중국, 일본 등 동아시아 사람들이 주로 먹습니다. 반면 서양에서는 해조류를 거의 먹지 않다 보니 사람들도 별로 관심이 없습니다. 현대 과학이 주로 서양에서 발달하다 보니 해조류에 대한 연구도 많이 이뤄지지 않았습니다. 콩과 옥수수, 토마토 등 농작물은 생산량을 늘리는 환경을 조성하는 데 그치지 않고 유전자를 변형시켜 척박한 환경에서도 잘 자라도록 만들었지만, 해조류는 제대로 된 이름조차 없는 경우가 많습니다. 해조류가 있는 환경이 접근하기 어렵다는 점과 사람들의 무관심 때문에 바닷속에 해조숲을 만드는 연구는 이제 막 시작 단계에 들어섰습니다. 우리나라에서도 해조숲 조성사업에 수천억 원의 연구비를 투자했지만, 관련된 기초 연구가 많이 쌓이지 않은 상태라 육지 농작물의 연구 수준까지 끌어올리기 위해서는 더 많은 인력과 투자가 필요합니다.[13]

식물과 해조류의 차이는 꽤 큽니다. 식물의 씨앗은 땅에 뿌리를 내리면 사람이 일부러 옮겨 심지 않는 이상 움직이지 않습니다. 그러나 해조류는 씨앗 상태에서는 헤엄을 치는 동물이었다가 정착한 뒤에는 식물처럼 광합성을 합니다. 또한 바닷속에서는 10미터씩 깊어질수록 압력이 1바^{bar}씩 높아지며, 땅에서는 모든 식물이 균일하

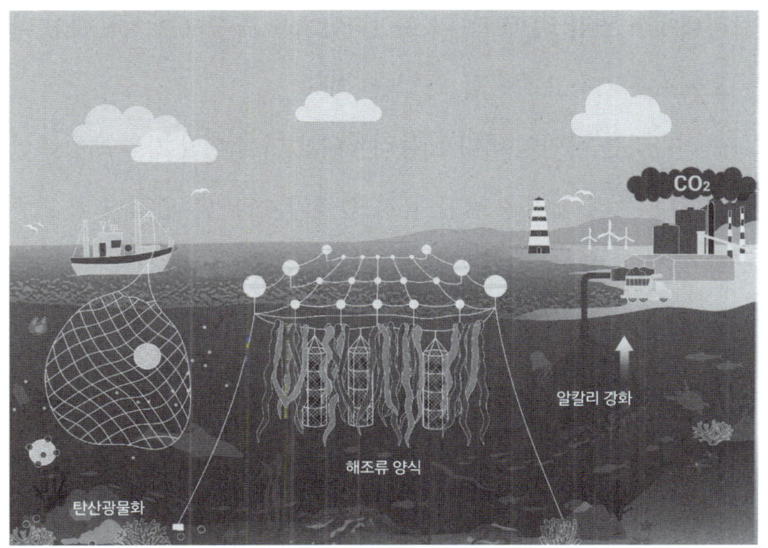

심해에서 이루어지는 이산화탄소 포집

게 쏟아지는 햇빛을 활용하지만 바다에서는 수심에 따라 이용할 수 있는 빛의 파장이 달라집니다. 해조류들은 이 환경에 맞춰 분포합니다.

해조류 양식은 탄소중립에 얼마나 중요한 역할을 할까요? 앞서 이야기했듯 전 세계에서 1년에 소비하는 석유의 양은 약 45억 톤입니다. 이를 현재 일부 대체할 수 있는 바이오에탄올과 바이오매스의 생산량은 연간 약 10억 톤입니다. 곧 석유화학물을 모두 대체하기에는 부족한 양입니다. 그런데 거대 조류인 켈프^{kelp}(일반적으로 다시마로 알려져 있습니다)를 바이오매스로 사용할 경우, 해역의 1제곱킬로미터에서 연간 6,000톤의 이산화탄소를 흡수하는 생분해성 바이오매스를 키우고 사용할 수 있습니다.

우리나라는 삼면이 바다로 둘러싸여 있어서 해양 자원이 풍부한 편입니다. 우리 해역은 남한 육지 면적의 4.5배에 달합니다. 그중 해양 양식이 가능한 바다의 면적은 22만 제곱킬로미터입니다. 이를 단순히 계산해보면 우리 해역에서 연간 13억 2,000만 톤의 이산화탄소를 흡수할 수 있다는 결과가 나옵니다. 우리 바다에서만 전 세계에서 발생하는 이산화탄소의 30퍼센트를 흡수할 수 있는 셈입니다. 이를 대서양과 태평양까지 확장한다면, 대규모 해조류 양식이 이산화탄소 배출량 감소의 핵심기술이 될 수 있다는 가능성을 보여줍니다. 더욱이 바다 한복판에서 양식한 해조류는 회수하기가 어렵습니다. 그렇다면 바다로 녹아든 이산화탄소를 해조류가 흡수하고 그 상태로 심해로 침전될 수 있습니다. 그동안 우리는 해양 자원을 수산업, 양식업이나 바다를 통한 물류 산업 등에 이용해왔지만, 기후변화로 인해 새로운 기회가 열린 것입니다.

하지만 단순한 계산 결과와 달리 현실에서는 문제가 조금 복잡합니다. 먼저 현재의 양식 기술이 문제입니다. 해조류를 양식할 때 해조류가 정착할 수 있도록 바다에 밧줄을 치는데, 이 양식용 밧줄은 나일론이나 폴리프로필렌 같은 플라스틱으로 만듭니다. 가볍고 튼튼하며 가격도 저렴하기 때문입니다. 그런데 거센 파도가 치거나 태풍이 몰아치면 이러한 양식용 밧줄은 상당수 사라져버립니다. 망망대해에서 밧줄 하나 찾으려고 바다로 뛰어드는 사람은 없기 때문에 수많은 양식용 밧줄이 버려집니다. 양식용 밧줄 분실량에 비하면 미미하지만, 낚시하다가 끊어진 낚싯줄도 바닷속에 버려집니다. 이처럼 석유로 만든 낚시 어구들이 바다에서 떠돌다가 파도가 치면 해조숲을 쓸고 지나갑니다. 다시 말해 버려진 밧줄이 파도에 휩쓸려 지나가면서 바다 표면에 정착한 해조숲의 해조류들이 뜯겨나갑니다. 지금 추세가 계속된다면 해조류를 더 많이 양식할수록 더 많은 어구가 버려지고, 이 때문에 오히려 해조숲이 급격히 사라지는 역설적인 위기가 올 수 있습니다.

이러한 문제들을 해결하기 위해 저는 몇 가지 방안을 마련하는 중입니다. 먼저 기존 석유화합물로 만들었던 밧줄의 재료를 바꾸는 것입니다. 제 연구실에서 직접 친환경 플라스틱 섬유로 제작한 양식용 밧줄에 김 포자를 뿌려 양식한 결과, 시중에서 판매하는 양식용 밧줄보다 훨씬 더 잘 자란다는 것을 확인했습니다. 게다가 이 밧줄이 바다에서 1년 안에 생분해된다는 사실도 확인했습니다. 현재 이를 시장에 보급하기 위해 준비하고 있습니다. 또 하나는 해조류가 자라는 바다 환경을 바꾸는 것입니다. 우리나라 주변의 바다 환경은 태풍 등으로 인해 변화를 예측하기 힘들고, 이 주변에서는 양식용 밧줄을 쉽게 잃어버릴 수 있습니다. 하지만 적도 인근 바닷가의 환경은 우리나라와 다릅니다.

혹시 버려진 플라스틱이 모이는 바다에 대해 알고 있나요? 태평양에는 우리나라 면적보다 3~5배 정도 넓은 쓰레기섬이 있습니다. 이 섬은 바다의 파도가 약하고 해류의 움직임도 적어 한번 모인 쓰레기가 잘 빠져나가지 않기 때문에 만들어졌습니다. 이곳에 바닷속에서 생분해되는 친환경 플라스틱 양식용 밧줄로 해조류를 양식한다면 표층수에 과포화된 이산화탄소를 해조류가 흡수할 겁니다. 그 뒤 양식용 밧줄이 분해되면 해조류는 바닷속으로 가라앉아 대기 중에 배출되는 이산화탄소의 양을 줄일 수 있습니다.

이산화탄소를 제거하기 위한 두 번째 방법으로 해조류가 바닷속에 어떻게 정착하는지에 대해 깊이 있는 연구를 진행하고 있습니다. 해조류 중에 광합성을 엄청나게 많이 하는 잘피sea glass가 있습니다. 그런데 이 잘피가 자라는 해조숲 위를 수상스키가 지나가면 모터 때문에 강한 해류가 발생하며 해조숲이 뜯겨 나갑니다.

올여름 아이들과 바닷가에서 해수욕을 하던 중이었습니다. 오전에는 바다가 매우 맑아 바닷가에서 놀기 좋았습니다. 점심시간쯤 되자 사람들이 모이고 수상스키나 바나나보트를 타는 사람이 많아졌습니다. 그 뒤 얼마 지나지 않아 수많은 해초가 바닷가로 밀려들어 물놀이하는 우리 몸을 휘감기 시작했습니다. 해조숲이 손상되는 데는 긴 시간이 걸리지 않는다는 것을 몸소 체험한 것입니다.

　이런 일들로 인해 바닷속 해조숲이 전 세계적으로 급격히 사라져가고 있습니다. 우리나라 연안에서도 해조숲이 사라져서 바다가 사막화되고 있다는 뉴스를 본 적 있을 겁니다. 우리나라에서는 이를 갯녹음, 바다 사막화, 백화현상이라고 부릅니다. 서양에서는 이를 '성게 사막urchin barren'이라고 합니다. 해조숲이 사라진 사막 같은 해저에 성게들만 모여 있다고 해서 붙은 이름입니다. 사람들의 무심함 때문에 기후변화의 희망인 해조숲이 망가지고 있습니다.[14]

　하지만 절망적인 상황만은 아닙니다. 재작년에 안식년이라 미국에 체류하던 중에 모르는 번호로 국제전화가 걸려왔습니다. 한국수력원자력의 사내 스쿠버다이빙 동아리인 '애플트리'를 지도하는 강사가, 제가 연구하는 수중접착제를 구입하고 싶다고 연락한 것이었습니다. 저는 해양생명체들의 수중접착 연구를 20년 넘게 하고 있고, 그중에서도 홍합접착단백질을 주력으로 연구합니다. 홍합은 홍합접착단백질을 이용해 물속에서 접착하는데, 이를 의료용 접착제로 사용하는 임상실험을 진행하고 있습니다. 다만 1그램당 100만 원 정도라 일반인이 사용하기에는 아직 너무 비싼 물건이라서, 저는 그 강사에게 이 비싼 걸 어디에 사용할 예정인지 물어볼 수밖에 없었습니다. 그러자 자신이 바닷속을 들여다본 지 20년이 넘는데, 해조숲이 사라져가는 것이 너무 마음이 아파서 회원들과 십시일반으로 돈을 모아 수중접착제를 구입해 여름에 해조류 씨앗(프자)을 채취한 뒤 접착제로 바닷속에 붙여볼 계획이라고 이야기했습니다.

해조류 씨앗이 바닷속에서 실제로 어떻게 정착하는지는 제 관심사이기도 했습니다. 그러나 저는 물을 무서워하고 실험실 동료 중에도 깊은 바다로 다이빙할 수 있는 사람이 별로 없어서 해조류 씨앗의 정착 연구를 진행하지 못하고 있었습니다. 이 통화를 계기로 한국수력원자력의 스쿠버다이빙 모임 회원들과 함께 해조류 씨앗 정착에 관한 기초 연구를 진행할 수 있었습니다. 또한 제 연구실에서 개발한 수중접착제가 거친 바닷속 환경에서도 해조류 씨앗을 고정할 수 있는지 확인하는 연구도 시작했습니다. 초기 연구가 많이 이뤄지지 않아서 앞으로 연구 개발에 수십 년이 걸릴 것으로 예상합니다. 그래도 이를 통해 해조류가 어떤 과정과 조건에서 바닷속에 정착해 자라는지, 그 자연의 비밀을 이해하게 된다면 친환경적으로 바다뿐 아니라 지구 생태계도 살려낼 수 있을 것으로 판단하고 있습니다.

세 번째 방법은 최후의 수단입니다. 먼저 해양표층수에 이산화탄소가 과포화되어 있다는 사실에 주목했습니다. 앞서 언급했듯이 땅에서는 이산화탄소를 농축하는 데 에너지와 비용이 엄청나게 들어가는데, 해양에서는 이러한 공정을 거칠 필요가 전혀 없습니다. 바다는 흡수한 이산화탄소를 고농도의 중탄산염과 탄산염으로 농축해 품고 있기 때문에, 여기서 중탄산이나 탄산을 모으면 대기 중에서 이산화탄소를 모으는 것보다 훨씬 효율적으로 흡수할 수 있습니다. 그리고 해양에서 이산화탄소를 포집한다면 해양 산성화도 막을 수 있고, 바다의 이산화탄소 포화도가 낮아지면 대기 중의 이산화탄소를 더욱 많이 흡수할 수 있기 때문에 여러 가지로 의미가 있는 방법이 될 겁니다.

저는 조개에 대해서도 20년 넘게 연구해왔습니다. 조개는 이산화탄소를 매우 잘 활용합니다. 이산화탄소는 물속에서 자연스럽게 탄산이 되어 녹습니다. 이렇게 녹은 탄산은 물속의 풍부한 칼슘과 마그네슘을 만나 서서히 고체인 탄산칼슘과 탄산마그네슘이 됩니다. 조개는 자신의 단백질과 탄수화물을 활용해 생체 거푸집을 만든 뒤, 바다에 녹아 있는 이산화탄소를 자신의 단백질, 탄수화물과 결합해 고체인 탄산칼슘으로 바꿔 조개껍데기를 만듭니다.

최근 우리 연구실에서 개발한 친환경 플라스틱은 민물에서는 한 달 만에 분해가 되는데, 바닷속에서는 분해되지 않고 오히려 무게가 증가했습니다. 그 이유를 확인해보니 이 친환경 플라스틱이 조개껍데기가 만들어지는 과정과 유사한 반응을 일으켜, 바닷물에서는 이산화탄소를 흡수한다는 것을 알아냈습니다. 이산화탄소를 흡수해 무거워진 플라스틱은 이후 해저로 가라앉을 수 있습니다.

이 사실을 바탕으로 관련 문헌들을 조사해보니, 이산화탄소를 더

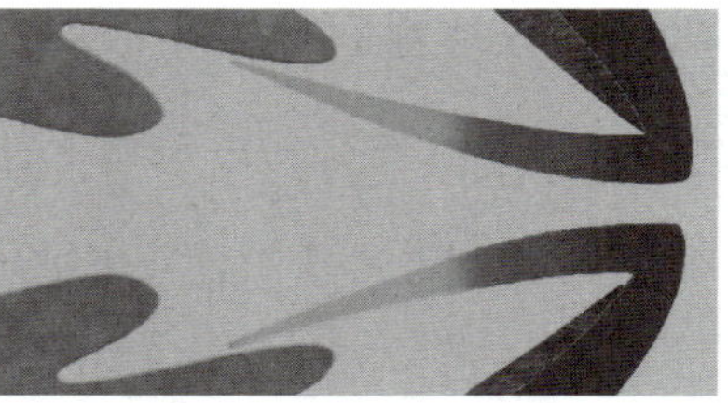

자른 조개의 단면 조개는 오른쪽 그림처럼 얇은 막을 만든 뒤 바다에 녹아 있는 이산화탄소와 자신이 생성한 단백질과 탄수화물을 결합시켜 막 속을 채우고 단단한 껍데기를 만듭니다.

다에 직접 투입하는 회사들이 이미 있었습니다. 어떤 회사는 알칼리성 물질을 바다에 투입해 이산화탄소를 탄산염으로 침전시킨 다음 이산화탄소를 거래하는 탄소시장에 해당 상품을 판매하고 있었습니다. 또한 알칼리성 물질을 바다에 뿌린다는 이유로 해양 산성화를 줄이는 기업으로 광고하는 것도 보았습니다. 하지만 알칼리성 물질을 바다에 투입하는 것만으로 이산화탄소 저장 한계를 늘리면 해당 해역의 산호와 생태군집에 부정적 영향을 줄 수 있습니다.

수심이 1킬로미터 이상인 심해는 깊어야 수심 10미터에 해당하는 표층에 비해 압력이 매우 높고 수온이 낮습니다. 그래서 해수면에서 670기가톤의 탄소를 저장할 수 있는 데 비해 심해에서는 3만 6,730기가톤의 탄소를 저장할 수 있습니다. 자연에서 해수면에 있던 탄소가 심해로 이동하는 메커니즘을 설명하는 이론 중 가장 보편적인 것은 생물학적 중력펌프 biological gravitational pump, BGP 입니다.[15] 생물학적 중력펌프를 쉽게 이해하려면 바닷속의 조개를 생각하면 됩니다. 앞서 말했듯 조개는 바닷속에 녹아 있는 이산화탄소인 '탄산'을 '칼슘' '마그네슘'과 결합해 조개껍데기를 만들어냅니다. 이처럼 바닷속에서 '탄산칼슘' 또는 '탄산마그네슘'을 만들어낼 수 있는 생명체들이 자신이 살아가는 동안 이산화탄소를 이용해서 광물을 만들어냅니다(인간이 살아가는 동안 몸의 뼈가 자라는 것과 똑같습니다). 이런 해양생명체가 죽을 때 무기물은 대부분 생물학적 중력펌프 때문에 서서히 가라앉습니다. 심해에 가라앉아 있는 타이태닉호처럼 말입니다. 그러나 대기의 이산화탄소가 생물학적 중력펌프를 통하 심해로 가라앉을 때까지 마냥 기다리기에는 이산화탄소의 증가 속도가 너무 빠른 듯합니다.

또 다른 이론인 입자주입펌프particle injection pump, PIP는 자연적으로 해수면의 입자들을 심해로 이동시키는 과정 중 하나입니다. 탄소가 포함된 모든 유기 입자가 중력이나 해류를 통해 심해로 이동합니다. 입자주입펌프는 매년 7.2기가톤의 탄소를 심해로 이동시킵니다. 이는 4.1~8.2기가톤의 탄소를 이동시키는 생물학적 중력펌프와 비슷한 양입니다.

우리 연구진은 앞서 언급한 조개껍데기와 유사한 친환경 고분자로 입자주입펌프를 개발하는 연구에 착수했습니다. 우리가 개발한 입자는 '인공산호' 기술이라 이름 붙였습니다. 이 인공산호는 바닷속 이산화탄소를 자연 흡수하면서 서서히 심해로 가라앉을 것이며,

이는 자연적으로 이산화탄소를 저감시키는 과정보다 더 효과적일 것으로 기대합니다. 또한 인공산호 입자를 통해 심해에 탄소를 저장하면, 탄소가 해수면으로 다시 되돌아올 가능성이 낮습니다. 다시 말해 한번 가라앉은 인공산호는 심해의 높은 압력과 낮은 온도 덕분에 안정적으로 심해에 저장될 수 있습니다.

탄소가 불러올 새로운 경제위기에 대비하라

글로벌카본프로젝트Global Carbon Project, GCP의 발표에 따르면 우리나라는 2019년 기준 1인당 이산화탄소 배출량이 약 12톤으로 세계 3위이며, 2030년에는 세계 10대 경제 대국 중에서 1인당 이산화탄소 배출량이 가장 많은 나라가 된다고 합니다. 그렇다면 탄소를 많이 배출할수록 더 높은 관세를 지불해야 하는 자발적 탄소시장에서 우리나라가 가장 많은 비용을 지출하게 될 것입니다. 또한 이산화탄소 저감 원천기술을 보유하지 못한다면, 해외에서 관련 기술을 수입해야 해서 엄청난 자본손실로 이어질 것입니다.[16] 특히 우리나라의 산업 구조는 수출 주도형이기 때문에, 자동차, 제철, 석유화학 등 탄소를 많이 배출하는 제조업이 핵심입니다. 따라서 국가 경쟁력을 강화하려면 이산화탄소 저감 기술이 국가전략기술 분야 중에서도

194 ·

핵심이 되어야 한다고 생각합니다.

산업 활동에서 발생하는 탄소 배출량을 상쇄하기 위해 구매해야 할 자발적 탄소배출권의 가격은 그 양에 따라 다르지만 최소 톤당 100달러에서 비싸면 1,000달러에 이릅니다.[17] 전 세계 이산화탄소 배출량이 약 510억 톤임을 고려하면, 자발적 탄소배출권은 5조 달러(약 7,000억 원)에서 50조 달러(약 6경 7,000조 원)에 해당합니다. 이런 이유로 앞서 소개한 해양에서 이산화탄소를 처리하는 방법을 상용화하면 수천억에서 수조 달러의 경제적 파급 효과가 있을 것으로 기대합니다. 또한 탄소 배출량을 감소시킴으로써 비용 면에서나 환경 면에서나 취약계층이 겪는 고통 역시 줄일 수 있다고 생각합니다. 해양에서 이산화탄소 포집 기술에 대해 해외에서는 발전의 움직임이 있지만 삼면이 바다로 둘러싸인 우리나라에서는 아직 이 연구를 제대로 하는 사람이 많지 않습니다. 따라서 이 분야를 앞으로 무게감 있게 연구하고 발전시켜야 할 듯합니다.

과학자가 알려주는
뜻밖의 친환경 습관들

유리병보다 페트병이 친환경일 수 있다?

오랜만에 마트에 갔다가 요즘 요구르트통을 보고 놀란 적이 있습니다. 참 고급스러워 보였기 때문입니다. 작은 유리병에 담긴 그릭 요구르트는 플라스틱 용기에 담긴 것보다 2~3배 비싼 가격만큼이나 왠지 건강하게 만들어지고 훨씬 맛있을 것 같아 보였습니다. 이는 저만의 착각이 아닙니다. 유리용기에 담아 판매하는 것은 용기 가격이나 유통비가 더 많이 들기 때문에 제품 가격을 올리지만 그만큼 소비자들에게 고급스러운 상품이라는 인식을 주는 오래된 마케팅 전략입니다. 안에 담긴 내용물의 수준이 플라스틱병에 담긴 것과 유리병에 담긴 것 사이에 얼마나 큰 차이가 있는지 정확히 알 수는 없지만, 확실한 건 고급스러운 포장비와 유통비를 포함해서 더 많은 돈을 지불하는 사람이 분명 있다는 사실입니다.

이 밖에도 마트에서 판매하는 음료, 과일을 담는 용기는 다양합니다. 똑같은 콜라인데 어떤 것은 페트병, 어떤 것은 알루미늄캔 어떤 것은 유리병에 담겨 있습니다. 딱히 선호하는 게 없다면 어떤 것을 고르는 게 환경에 더 도움이 될까요?

　조금이나마 친환경적인 선택을 하고 싶다면 자연상태에서 분해되는 시간과 이산화탄소 발생량을 기준으로 삼으면 됩니다. 페트병은 자연상태에서 분해되는 데 무려 500년이 걸립니다. 그에 반해 알루미늄캔은 생각보다 빠르게 분해돼 10년이면 자연으로 돌아갑니다. 요즘 해변에 작은 돌들이 있는 바닷가에 가면 반투명한 하얀색, 연녹색, 초록색 등의 돌멩이를 쉽게 찾을 수 있습니다. 병 조각이 닳아서 작은 돌멩이처럼 된 것입니다. 이처럼 바다에 버려진 병은 파도에 마모돼 10년이면 자연으로 돌아갑니다. 곧 분해 시간을 기준으로 보면 병과 캔을 고르는 게 페트병보다 훨씬 환경친화적인 선택입니다.

　그러나 이산화탄소 발생 측면에서 보면 다릅니다. 쿠바와 북한, 단 두 나라를 제외한 전 세계에서 판매되고 있는 코카콜라는 완제품 형태로 수출하지 않습니다. 코카콜라 본사는 제조법이 여전히 베일에 싸여 있는 코카콜라 원액만 세계로 유통합니다. 코카콜라 원액은 각 나라의 공장으로 보내져, 해당 나라에서 탄산수와 조합해 완제품으로 개별 포장된 뒤 우리 손에 전달됩니다. 완제품을 수출하려면 부피와 무게가 너무 커 운송비용이 천문학적으로 늘어나기 때문에 원액을 수출하는 것입니다. 이때 코카콜라 원액은 페트에 담겨 운반됩니다. 이렇게 해야 무게를 가장 많이 줄일 수 있기 때문입니다. 무게가 가장 가볍다는 것은 운송 과정에서 발생하는 이산화탄소량이 가장 적다는 의미입니다. 한편 유리병을 만들 때는 높은 열이 필요합니다. 캔 역시 마찬가지입니다. 만드는 과정에서 많은 에너지가 소모되고 그만큼 이산화탄소가 많이 발생합니다. 이산화탄소 발생 측면에서 보면 페트가 가장 친환경적인 선택인 것입니다.

지금까지 알고 있던 지식과 다르다 보니 혼란스러울 겁니다. 페트병은 자연에서 분해되는 데 가장 오랜 시간이 걸리지만 만들고 사용할 때는 가장 친환경적입니다. 분리수거만 완벽하게 한다면 페트병을 쓰는 게 가장 낫습니다. 분리수거가 잘된 페트는 의류나 페트의 소재로 재활용되기도 하고, 사용하기 어려운 페트는 태우던 열에너지로 사용할 수도 있습니다. 페트를 자연에서 태울 경우 불완전연소가 심해 오염물질이 많이 발생하지만, 오염물질을 잘 관리할 수 있는 시설에서 태운다면 꽤 안전하게 열에너지를 얻을 수 있습니다. 이러니 같은 제품을 구입한다면 페트를 선택하는 것이 좋습니다. 아무렇게나 버려지고 처리되는 것이 문제지요.

버려진 유리병은 어떻게 될까요? 가장 흔히 소비되는 소주, 맥주, 탄산음료 병은 고이 분류돼 공장으로 돌아가 세척한 뒤 재사용합니다. 이를 제외한 대다수의 유리병은 잘게 깨뜨린 뒤 열을 가해서 새로운 유리 제품으로 만듭니다. 재활용 유리는 새 유리병을 만들기 위해 규소를 추출하는 과정에서 불순물 제거 공정이 확 줄어든 원재료가 됩니다. 그러나 유리가 녹는 온도는 플라스틱보다 매우 높아서 재활용하는 데 더 많은 에너지를 사용합니다. 소주, 맥주처럼 규격화된 병이 아닌 경우 재활용업체에서 매입하는 단가도 낮고 그대로 재사용할 수 없기 때문에 다시 상품성을 갖추려면 에너지와 비용이 많이 들어갑니다. 물론 재활용을 하지 않는 것보다는 좋습니다.

이런 이유로 주류업계는 소주병을 녹색으로 통일했습니다만, 최근 한 주류 업체에서 레트로 열풍에 힘입어 예전의 하늘색 소주병을 만들어 판매하며 많은 인기를 얻었습니다. 이러한 현상을 어떻게 바라봐야 할까요? 해당 기업이 환경보다 돈을 선택했다는 비난을 피하려면 꾸준히 이 제품을 만들어서 시장에 뿌려둔 하늘색 병이 계속 재사용될 수 있게 해야겠지요. 더불어 이렇게 새롭게 나오는 제품을 대하는 소비자들의 현명한 태도도 필요해 보입니다.

환경을 생각하는 사람들을 위해 종이 포장재가 많아졌습니다. 종이 포장재는 우유팩이나 종이컵에 주로 사용되는 기술로, 종이에 얇은 플라스틱을 코팅해서 종이가 수분을 흡수하지 않도록 만든 것입니다. 이런 종이 포장재 자체는 가볍기 때문에 유통 과정에서 연료 소비량을 감소시켜 이산화탄소 배출량을 줄일 수 있습니다. 이

때 종이에 얇게 코팅한 플라스틱은 대부분 폴리에틸렌 필름으로, 얇은 필름은 분해 속도가 빨라서 사용한 후에도 자연에서 빨리 분해됩니다. 따라서 비교적 친환경적입니다.

일회용 플라스틱컵 대신 텀블러를 들고 다니면 매우 가치 있는 일이라고 생각합니다. 하지만 텀블러를 제대로 사용하지 않는다면 환경보존에 오히려 역행하는 것입니다. 텀블러는 대부분 금속으로 이루어져 있어, 훨씬 더 높은 온도에서 더 많은 에너지와 원자재를 사용해 만듭니다. 또한 보온 효과를 높이고자 다양한 원재료를 혼합해 사용합니다. 버려진 다음에는 재활용하기 복잡하다는 뜻입니다. 텀블러를 더 가치 있게 사용하려면 최대한 오랫동안 활용해야 합니다. 미국의 수명주기에너지분석연구소Institute for Life Cycle Energy Analysis에 따르면 스테인리스 재질의 텀블러는 최소 1,000번은 사용해야 합니다. 금세 싫증을 내서 물건을 자주 사고 버리는 사람이라면 종이컵을 사용하는 것이 오히려 친환경적일 수도 있습니다.

남은 음식을 버리는 가장 좋은 방법

우리나라에서는 지역에 따라 방식은 다르지만 음식물쓰레기를 따로 수거합니다. 음식물쓰레기를 버릴 때도 신경 쓸 게 많습니다. 유통기한이 지난 간장이나 식초 같은 액체류는 하수구에 버려도 될지 고민됩니다. 뼈나 조개껍데기처럼 딱딱한 것은 음식물쓰레기에 섞어 버리면 안 됩니다. 양파껍질이나 복어의 내장도 버리지 말라고 되어 있고요. 모두 식재료로 쓰고 남은 쓰레기인데, 왜 어떤 것은 일반 쓰레기고 어떤 것은 음식물쓰레기로 분류할까요?

아주 오래전에는 하수를 강으로 직접 배출했습니다. 분뇨는 '똥차'라고 부르던 분뇨 수거 차량으로 회수했습니다. 어렸을 때 저희 동네 하천에는 어찌나 새까만 물이 흘렀는지 바닥이 보이지 않을 지경이었습니다. 지금 맑은 물이 흐르고 물고기들이 헤엄치는 모습을 보면 예전의 강이 어땠는지 상상도 못 할 정도입니다. 하수처리 시스템을 도입했기에 이렇게 변화할 수 있었습니다.

환경부의 상하수도 통계에 따르면 우리나라는 1976년에 청계천 하수처리장을 건설한 이후, 2022년 기준 하수도 보급률이 약 95퍼센트에 이릅니다. 국민이 사용한 오염수 대부분이 환경에 바로 배출되지 않고 깨끗한 물로 정화되어 방출된다는 뜻입니다. 가정에서 하수를 배출하면 하수처리장으로 갑니다. 처리장에 모인 하수는 미생물 산화 등의 공정을 거친 다음 다시 단계별로 정화 작업을 거칩니다. 그러고는 맑은 물이 되어 하천으로 방류됩니다. 지금 우리나라의 하수처리 시스템은 꽤 높은 수준에 이르렀으며 1,000만 인구가 생활하는 서울의 한강에도 수영을 할 수 있을 정도로 맑은 물이 흐릅니다.

한편 음식물쓰레기는 별도로 수거해 분해합니다. 우리나라의 경제 수준이 낮았을 때는 음식물쓰레기를 가축의 먹이로 사용했습니다. 옥수수나 콩 등 지금 가축의 사료가 되는 작물들은 농업기술이 발전하면서 최근 들어서야 대량으로 재배되고 가격도 낮아졌지만 예전에는 비싸서 가축에게 마음 놓고 먹일 수 없었습니다. 다만 음식물쓰레기를 먹인 가축의 고기는 지방질이 많아져 상품 가치가 떨어지거나 도축 후에 냄새도 많이 났습니다. 또한 가축이 음식물을 매개로 바이러스에 전염될 위험성도 높아 음식물쓰레기를 축산업에 거의 활용하지 않습니다.

우리나라 음식이 장류나 양념을 많이 사용하기 때문에 염도가 높다는 점은 음식물쓰레기 활용도를 낮추는 또 하나의 요인이 됩니다. 염도 높은 음식물쓰레기는 염분을 제거하지 않으면 퇴비나 사료로 직접 사용하기 어렵습니다. 1995년 쓰레기종량제 실시 이후 음식물쓰레기 배출 방식이 바뀌었습니다. 음식물쓰레기를 땅에 직매립하면 악취가 심하게 납니다. 땅에 흡수된 뒤에도 부패해 수인성 전염병이 발생할 가능성이 높습니다. 이에 따라 2005년부터는 음식물폐기물, 가축 분뇨, 하수슬러지를 포함한 유기성 폐기물 직매립이 전면 금지됐습니다. 2013년부터는 런던협약London Dumping Convention

에 따라서 유기성 폐기물의 해양 배출도 금지되었습니다.

그렇다면 음식물쓰레기는 어떻게 처리할까요? 음식물쓰레기는 재활용합니다. 재활용률은 계속 높아져 현재는 90퍼센트 이상에 이르렀습니다. 음식물쓰레기를 포함한 유기성 폐기물은 처리 과정에서 특유의 악취가 많이 발생하므로, 냄새가 나는 기체를 차단해 주변에 냄새가 퍼지지 않도록 하는 것이 가장 중요한 초반 공정입니다. 이후 염분을 제거합니다. 성분이 안정화되면 조류 사료에 1~2퍼센트 비율로 첨가하는 재료로 사용합니다. 또 산소가 차단된 상황에서 활동하는 혐기성미생물을 이용해 분해한 바이오가스를 지역난방공사 등에서 열에너지로 활용합니다. 또한 염분을 제거한 음식물쓰레기 일부는 자연 퇴비로도 활용합니다.

한국환경공단이 발표한 〈전국 폐기물 발생 및 처리 현황〉에 따르면 2021년 12월 31일을 기준으로 유기성 폐자원 중 51퍼센트가 사료, 26퍼센트는 퇴비, 14퍼센트는 바이오가스로 활용되고 있습니다. 그러나 음식물쓰레기를 재활용해서 경제적인 이익이 추가로 발생하는 것은 아닙니다. 경제성보다는 환경을 위한 활동에 가깝습니다. 한편 최근에도 아프리카돼지열병, 조류독감 등 가축의 질병이 음식물쓰레기로 만든 사료 때문에 발생한다는 우려는 계속해서 이어지고 있습니다.

음식물쓰레기는 어떻게 버려야 환경에 도움이 될까요? 음식물쓰레기가 빠르게 분해될 수 있도록 배출하면 도움이 될 겁니다. 염도가 높은 환경에서는 쓰레기를 분해하는 다양한 미생물들이 잘 자라지 못합니다(간장 등을 발효시키는 일부 미생물만 자라기 좋은 환경인 셈입니다). 그렇기에 짠 음식, 양념이 강한 음식, 장아찌 같은 음식은 물로 한 번 헹궈서 버리면 더 잘 분해됩니다. 덩어리가 없는 소스류는 하수도로 보내는 게 그나마 가장 낫습니다.

음식물쓰레기를 변기에 넣으면 어떻게 될까요? 사실 달걀찜이나 연두부처럼 부드러운 음식은 변기에 버려도 환경에 크게 영향을 주지 않습니다. 물론 많은 양을 한번에 왕창 버리면 물리적으로 문제가 되겠지만 그건 사람의 배설물도 마찬가지입니다. 변기를 통해 정화조로 들어간 것들은 혐기조로 분류됩니다. 혐기조에서 대소변 또는 변기를 통해 유입된 것들은 별다른 에너지를 더하지 않은 채 그대로 삭혀 비료 등으로 활용하거나, 그 과정에서 발생하는 바이오가스를 에너지로 활용하기도 합니다. 따라서 변기를 막지 않고 쉽게 삭는 순수한 음식물 소량은 큰 문제를 일으키지는 않습니다. 문제는 물티슈처럼 분해되지 않는 물질들입니다. 이들 물질은 미처 하수관을 통과하지 못하고 물이 넘치게 하거나 정화조를 막는 등의 문제를 일으킵니다.

구체적으로 변기로 빨려 들어간 물질들은 하수처리시설로 들어가기 전에 머리카락이나 물티슈 등 잘못 유입된 찌꺼기를 거르는 과정을 거칩니다. 이후 미생물 등을 이용해 생물학적으로 처리합니다. 미생물은 우리가 배설한 용변에 포함된 유기물들을 양분으로 활용합니다. 이들이 분뇨를 처리하는 과정에서 발생하는 다량의 메탄가스를 대체에너지원인 바이오가스로 활용합니다. 한편 하수처리시설로 들어가기 전 걸러진 찌꺼기들은 최종적으로 분해되지 않고 남은 고체들과 함께 태워서 하수처리장을 가동하는 동력원으로 활용하거나 비료로 만들기도 합니다. 하수처리시설이 발달하면서 배설물로 인한 위기는 사라졌습니다.

자연상태에서 가장 친환경적인 음식물 처리 방법은 땅에서 정화하는 것입니다. 자연에 흡수된 음식물쓰레기들을 미생물들이 분해하고 토양에서 제대로 정화된다면 가장 깨끗하겠지요. 하지만 도시에 인구가 밀집된 우리나라에서는 불가능에 가까운 방식입니다.

서울을 포함한 수도권의 경우 2,500만 명이 음식물쓰레기를 배출합니다. 이를 빠르게 분해해야 다음에 유입될 음식물쓰레기를 안정적으로 처리할 수 있을 겁니다. 음식물쓰레기를 빠르게 처리하는 데도 에너지가 사용됩니다. 자연상태에서는 느리게 분해되므로 미생물이 잘 자랄 수 있도록 온도를 조절하고, 잘 분해될 수 있도록 기계로 고르게 뒤섞습니다. 미생물 반응 속도를 높이기 위한 에너지를 별도로 사용하는 것입니다.

주방 싱크대 배수구에 음식물쓰레기 분쇄기인 디스포저^{disposer}를 설치하는 방안에 대해서도 논의가 계속 이뤄지고 있습니다. 미국의 경우 각 가정의 싱크대에 디스포저가 설치되어 있어서, 음식물쓰레기를 자체적으로 갈아 하수도로 바로 배출하는 비율이 50퍼센트 정도입니다. 그러나 유럽에서는 디스포저의 사용률이 낮고, 오스트리아, 벨기에, 독일 등 몇몇 국가는 디스포저 사용을 법적으로 금지하고 있습니다. 우리나라도 2012년 인증제품에 한해 가정용 디스포저를 한시적으로 허용했습니다. 하지만 하수의 형태가 미국과 달라 하수관이 막힐 수 있고, 인구가 밀집된 도시에서는 하수처리시설에 과부하가 생길 가능성이 높아서 현재는 금지하고 있습니다.

디스포저를 사용하면 음식을 만들고 치우는 데 들어가는 수고를 눈에 띄게 줄일 수 있습니다. 그러나 가정 내에서 디스포저를 원활히 사용하려면 갈아낸 음식물이 막히지 않고 잘 흘러가는 하수도 설비를 갖춰야 하고, 더 많은 양의 하수를 처리하는 시설을 구축해야 합니다. 하수처리시설을 증설하는 데 들어갈 투자비용은 약 10조 원으로 예측합니다. 또한 하수도 설비가 선진화된 지역에서만 사용할 수 있도록 허용한다면 지역 차별이 될 수 있습니다. 무엇보다 하수도로 배출되는 음식물쓰레기의 양을 정확히 측정하기 힘들기 때문에 디스포저를 사용하는 사람에게도 배출량에 따라 금액을 차등 부과하는 시스템이 정착되어야 합니다.[1]

여기서도 식량업계의 화두로 떠오르는 곤충을 활용하는 것이 하나의 대안이 될 수 있습니다. 누에등애는 음식물쓰레기를 매우 잘 먹는데, 누에등애의 배설물은 거름으로, 누에등애 자체는 사료로 활용할 수 있어서 환경에 도움이 됩니다. 이처럼 조금만 시선을 돌리면 우리는 얼마든지 음식물쓰레기를 친환경적으로 줄이고 활용할 수 있는 방안을 생각할 수 있습니다.

세제를 사용해야 하는 이유

비누는 거의 모든 공중화장실마다 비치되어 있을 만큼 흔한 물건입니다. 사람들은 상황에 따라 다른 비누를 사용하는데요. 폼클렌징으로 세안하고, 샴푸와 린스로 머리를 감은 뒤 보디샴푸로 몸을 씻습니다. 식사를 한 뒤 주방세제로 설거지하고 입었던 옷을 세탁세제로 세탁하며 싱크대, 세면대 등 집안 곳곳을 청소용 세제로 청소합니다. 이렇게 비누 없이 하루를 보내는 걸 상상하기 힘들 정도로 세제는 수시로 사용하는 데다, 사용한 뒤 물로 흘려보내니 환경을 오염시킨다는 생각이 들기도 합니다. 또한 몸에 직접 닿거나 일상생활과 밀접하다 보니 유해 성분이 들어가지 않은 세제를 고르려고 애쓰는 사람도 많습니다.

1700년대 말에 프랑스의 화학자 니콜라 르블랑^{Nicolas Leblanc}은 비누의 원료인 소다(수산화나트륨, 탄산나트륨)를 대량생산하는 방법을 최초로 개발했습니다. 르블랑이 만든 소다를 이용해 비누를 대량생산하기 전에는 어떻게 빨래를 했을까요? 양잿물이라는 단어를 들어본 적이 있나요? 양잿물은 서양을 뜻하는 양#과 잿물이 합쳐진 말로, 수산화나트륨을 뜻하는 단어입니다. 잿물이라고 부른 이유는, 과거에는 나뭇잎 등을 태운 재를 침전시킨 잿물로 오염물질을 쉽게 씻어낼 수 있는 천연물질을 만들었기 때문입니다. 정확히는 잿물만으로 비누가 되는 것은 아니고, 식물이 불에 타고 남은 재에 들어 있는 수산화나트륨을 돼지나 소 등의 기름과 섞어 비누를 만들었습니다. 이러한 비누는 풍족하게 쓸 만큼 만들지 못했습니다. 기름은 자연계에 상대적으로 풍부했지만 식물을 태워 얻을 수 있는 수산화나트륨은 소량이었고 그나마도 불순물이 많이 섞여 있었기 때문입니다.

르블랑이 소다를 만드는 법을 연구하기 시작한 것은, 프랑스 왕정에서 비누를 대량생산하는 방법을 공모했을 때였습니다. 프랑스 왕정은 이 공모에 현재 가치로 수억 원에 달하는 상금을 걸었습니다. 이에 르블랑은 소다를 만드는 방법을 연구했고, 소금을 이용해 수산화나트륨을 대량생산하는 법을 최초로 개발했습니다. 르블랑은 기름과 염기성 무기물을 섞어서 비누를 만드는 법을 개발해 보급함으로써 전 세계 인류의 삶을 획기적으로 개선했습니다. 물도만 씻을 때는 잘 씻기지 않던 꼬질꼬질한 때뿐 아니라 세균과 바이러스까지 씻을 수 있어 인류가 전염병의 위협에서 해방된 것입니다. 또한 이 발견으로 비누뿐 아니라 수산화나트륨을 원료로 하는 섬유, 유리 등의 산업까지 폭발적으로 성장했습니다.

비누는 어떠한 원리로 때와 바이러스까지 씻어낼 수 있을까요? 지금 우리의 삶에 기여하는 역할에 비해 원리는 간단한 편입니다. 자연상태에서 물과 기름이 만나면 섞이지 않고 기름이 물에 뜹니다. 또한 소금이나 설탕처럼 물에 잘 녹는 물질이 있는가 하면, 물이 묻어도 지워지지 않는 기능성 화장품처럼 물에 잘 녹지 않지만 클렌징오일 같은 기름에는 잘 녹는 물질이 있습니다. 비누는 이 두 물질 모두와 반응해 물로 흘려보낼 수 있도록 만들어줍니다.

동물이나 식물에서 추출한 기름이 잿물 속 수산화나트륨과 만나 분해되면 비누가 만들어집니다. 이 비누 분자의 한쪽 끝은 물과 반응하고 다른 쪽 끝은 기름과 반응합니다. 그래서 지저분한 옷을 비누로 빨면 물에 녹는 성분뿐 아니라 기름에 녹는 성분까지 흡착해서 물로 흘러가는 것입니다. 이러한 비누의 성질은 세균이나 바이러스의 세포막과도 반응해 세포를 망가트리고 살균 역할도 합니다. 비누가 대량생산되기 전에는 병원균들을 씻어낼 방법이 별로 없었지만, 비누가 보급되면서 위생 상태가 획기적으로 개선되기 시작했습니다. 비누가 대중화됨으로써 인간의 평균 수명이 20년 정도 늘었다고 보는 견해도 있을 정도입니다. 보슈가 암모니아 합성법을 알아내 인구수가 증가했다면, 르블랑이 소다의 대량생산 방법을 개발하면서 인간의 수명을 늘린 셈입니다.

인류가 새로운 기술을 손에 넣고 안정화되는 데까지는 오랜 시간이 걸립니다. 때론 희생도 필요합니다. 르블랑이 개발한 르블랑 공정은 유리, 비누 등의 산업이 발전하는 데 큰 도약대가 되어주었으나, 소다를 만드는 과정에서 나온 위험물질인 염화수소의 영향을 예측하진 못했습니다. 염화수소는 공기 중에서 염산으로 변해 노동자의 생명을 위협했그 환경을 훼손했습니다. 그래서 염화수소를 처리하는 다양한 방법이 고안된 뒤에야 비누를 안정적으로 대량생할 수 있었습니다. 르블랑 공정은 반세기도 넘는 기간 동안 유일한 소다 추출 방식으로 비누의 대량생산을 이끌다가 1861년 벨기에드 화학자 에르네스트 솔베이Ernest Solvay가 암모니아와 소금의 혼합둘에서 탄산나트륨을 추출하는 방법을 발견하며 그 자리를 내어주였습니다.

그렇다면 요즘 사용하는 비누에는 어떤 문제가 있을까요? 수산화나트륨과 기름을 섞는 비누화 반응을 거쳐 만들어진 비누는 특정 환경에서는 제대로 반응하지 않았습니다. 칼슘이나 마그네슘 등 미온성 미네랄이 많이 녹아 있는 센물에서는 비누가 기름에만 녹습니다. 이런 센물은 약간 미끈한 느낌이 듭니다. 온천물이 대표적인 센물입니다. 온천물로 씻어봤다면 비누가 잘 풀리지 않고 씻어도 미끈미끈함을 느낀 경험이 있을 겁니다.

이처럼 비누가 제대로 활용되지 못하는 상황을 해결하기 위해, 비누에 제올라이트zeolite라는 이온성 미네랄이 풍부한 돌가루를 넣어주었습니다. 요즘에는 많이 쓰지 않지만 예전에 많이 사용하던 가루 세탁세제는 손으로 만져보면 분필을 갈아넣은 듯한 느낌이 조금 들곤 했는데, 실제로 가루 세제에 제올라이트 가루가 많이 들어 있었기 때문입니다. 최초의 세제는 비누에 천연 돌가루를 섞어 만들었으며, 덕분에 양잿물을 생산하지 않게 되었습니다. 양잿물은 나무나 해조류를 태워 만들어야 했기 때문에 당시에 사용한 가루 세탁세제는 산림 파괴를 막는 친환경적인 발명으로 볼 수 있습니다.

하지만 요즘 사람들은 비누나 세제가 친환경적이라고 생각하지 않습니다. 그 이유는 합성계면활성제 때문입니다. 물과 기름을 섞이게 하는 물질이 '계면활성제'입니다. 예전 방식으로 만든 비누는 천연계면활성제라고 볼 수 있습니다. 그러나 비누 시장이 커지며 동식물에서 추출한 자연 기름을 구하는 데 많은 비용이 들었습니다. 그러던 중 석유화학공업이 발전하며 1930년대 이후로 석유에서 추출한 기름을 활용한 합성계면활성제가 대량으로 만들어지기 시작했습니다. 이런 합성계면활성제는 비누보다 세정력이 우수하고 센물에서도 잘 풀리며 대량생산할 수 있어 각광을 받았습니다.

이 결과 다양한 합성계면활성제가 시중에 유통됐습니다.

합성계면활성제는 생태계에서 전통 비누인 천연계면활성제보다 분해 속도가 상대적으로 느립니다. 느리게 분해된다는 것은 하천에 남아 물을 오염시킨다는 의미입니다. 또한 몇몇 합성계면활성제는 수중 생명체에 독성물질이 되어 생태계를 위협하기도 했습니다. 그 결과 현재는 환경부에서 독성이 있는 합성계면활성제의 사용을 규제하고 있습니다. 소비자들 역시 합성계면활성제에 대한 부정적인 인식이 높아져서 천연 제품을 더 많이 찾고 이에 많은 기업이 그러한 눈높이에 맞는 제품을 만들고 있습니다. 그리고 옛날과 달리 지금은 우리가 쓰고 배출한 하수를 곧바로 강과 하천으로 흘려보내지 않고, 하수처리장에서 분해 공정을 거쳐서 방류하기 때문에 합성계면활성제가 물에 유입되는 농도가 많이 줄었습니다. 합성계면활성제가 환경에 끼치는 위협이 매우 약해진 것입니다.

지금은 샴푸, 비누, 세제 등에 들어가는 계면활성제를 인체에 해롭지 않고 환경에서 분해되는 것만 사용해야 하기 때문에 과거처럼 그 자체의 독성과 환경오염에 대해서 크게 걱정하지 않아도 됩니다. 독성이 있다고 많이들 걱정하는 메틸암모늄^{methylammonium}이나 에틸암모늄^{ethylammonium} 계열 성분을 살펴볼까요? 이들은 샴푸에 많이 들어 있는 편입니다. 그러나 우리가 흔히 구할 수 있는 샴푸에는 허가받은 화합물만 사용할 수 있기 때문에 우려할 만한 큰 독성은 없습니다. 또한 샴푸나 비누 등에 쓰는 계면활성제는 물에 잘 녹는 편이라, 성분에 집중하는 것보다는 물로 여러 번 헹구는 습관을 갖는 게 좋습니다. 많이 헹굴수록 계면활성제의 영향이 현저히 낮아진다고 보면 됩니다.

예전에는 클렌징폼이나 세탁 제품에 인위적으로 미세플라스틱을 첨가했습니다. 미세플라스틱이 물리적으로 기름때를 긁어주어 세정 효과가 더 높았기 때문입니다. 그러나 이 때문에 발생하는 환경오염을 우려하는 여론이 퍼지자 2020년 이후 환경부에서 미세플라스틱 사용을 금지했습니다. 이제는 미세플라스틱뿐 아니라 비슷한 입자도 넣지 않기 때문에 걱정 없이 사용할 수 있습니다. 화장품의 경우 내용물보다 포장용기에 더 많은 환경 비용이 들어가기 때문에, 플라스틱 쓰레기를 발생시키지 않는다는 점에서 액체비누보다 고체비누 사용이 권장할 만합니다. 하지만 대량으로 생산되는 비누보다 수제 비누가 환경에 더 좋은지는 판단하기 어렵습니다. 대량생산하는 경우 환경 부담이 적어지기 때문입니다. 꼭 필요한 때 적당한 양만 사용하는 것이 가장 좋겠지요.

환경을 생각해서 비누 사용을 제한해 얻는 이익보다는 비누를 사용함으로써 질병의 위험에서 벗어나는 게 인류에게는 더 큰 이익으로 보입니다. 특히 우리나라는 하수처리 시스템이 잘 갖추어져 있어서, 친환경세제나 비누에 신경 쓰기보다는 재활용이나 재사용

같은 다른 친환경운동에 집중해도 될 것 같습니다.

나는 어떻게 해야 친환경적으로 살 수 있을까?

대다수의 친환경 기술(탄소제로 기술)은 탄소를 많이 배출하는 화석 연료 기술보다 비쌉니다. 화석연료 기술에는 환경에 끼치는 악영향이 반영되어 있지 않기 때문입니다. 빌 게이츠는 《빌 게이츠, 기후 재앙을 피하는 법》에서 '그린프리미엄Green Premium'이라는 개념을 소개했습니다. 그린프리미엄이란 이산화탄소 등의 온실가스가 적게 배출되는 친환경 상품을 소비하기 위해 추가로 지불하는 비용을 이야기합니다.

지금으로서는 선진국 또는 부유한 계층만이 그린프리미엄을 지불할 수 있는 것이 현실입니다. 보통 그린프리미엄은 가격에 민감하지 않은 고급 제품에 도입하기 쉽기 때문입니다. 현대자동차는 프리미엄 제품인 제네시스 모델의 경우 2035년에는 탄소제로에 도달하겠다고 선언했고 기아자동차는 2045년에 탄소중립에 도달하는 목표를 세우고 있습니다.

최근 몇 년 동안 미국의 평균 휘발유 가격은 1리터당 750원이었습니다. 반대로 친환경 바이오매스로 생산한 바이오연료(빌 게이츠의 표현으로는 제로탄소 연료)는 1리터당 1,800원입니다. 곧 친환경적인 선택을 하려면 그린프리미엄 때문에 2배 이상의 비용을 지불해야 한다는 의미입니다. 빌 게이츠는 이러한 그린프리미엄을 부유층뿐 아니라 중산층과 개발도상국가도 감당할 수준이 될 정도로 친환경 기술과 기존 기술의 격차를 줄이겠다는 목표를 정했습니다. 당장은 어렵겠지만 소비자들이 각자의 자리에서 그린프리미엄을 조금씩 지불하면서 소비한다면 곧 실현할 수 있을 것으로 생각합니다.

제가 사는 지방에서는 전기자동차를 충전하는 것이 어렵지 않습니다. 하지만 인구가 많은 수도권에서는 충전소 부족 문제 때문에 전기자동차를 이용하는 것을 망설일 수 있습니다. 충전의 불편함을 감수하고 전기자동차를 구입하는 것도 하나의 그린프리미엄일 것입니다. 헬스장까지 20분 정도의 거리를 자동차로 가는 것보다 공유 자전거를 타거나 걸어가는 것도 그린프리미엄을 실천하는 한 가지 방법입니다. 빌 게이츠는 온실가스 배출을 줄이기 위해 좋아하던 치즈버거를 덜 먹는다고 이야기했습니다. 소고기 섭취량을 줄이는 것입니다. 식단에서 온실가스를 상대적으로 많이 배출하는 양고기나 소고기의 비중을 줄이는 노력도 나만의 그린프리미엄이 될 수 있습니다. 집 안의 전구를 에너지효율이 좋은 LED로 교체하는 것도 친환경운동입니다. 창문을 교체할 때 에너지효율을 높일 수 있는 단열창호로 시공하는 것도 친환경운동입니다.

미국의 전 부대통령 앨 고어^{Al Gore}는 오랜 시간 지구온난화에 대한 위험성을 경고하고 기후변화의 위험성을 널리 알렸다는 이유로 2007년 노벨평화상을 수상했습니다. 하지만 그는 여러 지역에 대저택을 소유하고 있으며 평범한 미국인에 비해 수십 배의 전기를 사용합니다. 또한 화석연료를 판매해 이익을 올리는 석유회사의 주주입니다. 과연 그의 삶은 환경운동으로 노벨평화상을 받은 사람의 삶이라고 말할 수 있을까요?

제가 대학생 시절에는 전 세계의 돈을 그러모으며 빠르게 세계 1위의 부자가 된 빌 게이츠를 탐욕주의자로 보는 시각도 많았습니다. 그러나 그가 설립한 마이크로소프트는 지금까지 자사가 배출한 탄소를 측정해 이에 대한 세금을 자발적으로 납부했습니다. 또한 그는 석유회사 주식을 매각하고 탄소 저감 기술을 가진 기업에 적극적으로 투자하고 있다고 자신의 책 《빌 게이츠, 기후재앙을 피하는 법》에 밝혔습니다. 2000년대 중반 교토의정서가 발효되면서 국가와 UN이 규제하는 탄소시장이 전 세계 온실가스 배출량 감소에 실질적인 효과를 보이지 않자, 빌 게이츠가 설립에 기여한 민간 기업과 단체들이 탄소를 사고파는 '자발적 탄소시장'을 주도하면서 미래 탄소 배출량 저감을 위한 인류의 노력에 구심점이 되고 있

습니다. 저는 기후변화 속도를 늦추는 데 앨 고어가 아닌 빌 게이츠
가 더 크게 기여한다고 생각합니다.

　캘리포니아주립대학교의 제 지도교수였던 허버트 웨이트는 하
버드대학교 교수인 할아버지부터 본인까지 학자인 꽤 유명한 연구
자입니다. 그러나 전 세계에서 열리는 학회에 잘 다니지 않기로도
유명합니다. 그저 5킬로미터 떨어진 집과 학교를 자전거와 도보만
으로 이동하는 것이 그의 활동 범위입니다. 작고 낡은 그의 자동차
는 거의 차고에 서 있습니다. 그는 아직도 뚱뚱한 브라운관 TV를
보고 20년 전에 구입한 컴퓨터를 사용합니다. 누군가가 버린 컴퓨
터를 주워서 구한 부품으로 자신의 오래된 컴퓨터를 고쳐서 씁니
다. 1980년대에 구입한 생화학 분석장비는 더 이상 업체에서 수리
해주지 않기 때문에, 연구실에서 실험하다 보면 그가 직접 장비를
수리하는 모습을 자주 볼 수 있습니다. 평소 입고 다니는 옷, 집과
사무실에 놓여 있는 가구들은 이미 빈티지 제품처럼 된 지 오래입
니다. 캘리포니아 샌타바버라 해변을 산책할 때는 늘 누군가가 버
린 마스크와 쓰레기를 줍습니다. 코로나19 팬데믹이 전 세계를 강
타했던 2020년 초반에는 천으로 만든 마스크를 사용했습니다. 그
렇다고 다른 사람들에게 환경을 살리자는 이야기는 절대 하지 않습
니다. 누군가를 비판하거나 훈계하지 않지만 자신이 옳다고 생각하
는 방식으로 삽니다. 웨이트 교수처럼 사는 게 맞다고 생각합니다.

모든 사람이 빌 게이츠나 웨이트 교수의 삶을 따라 하기는 쉽지 않을 수 있습니다. 그렇다면 우리 같은 평범한 사람들은 어떻게 해야 친환경적으로 산다고 할 수 있을까요? 먼저 분리수거를 잘해야 합니다. 재활용에서 가장 큰 비용을 차지하는 것이 분류 작업입니다. 한 명의 무관심이 재활용 공정의 비용인 그린프리미엄 상승으로 이어집니다. 누군가 실수로 또는 귀찮아서 녹색 소주병 박스에 하늘색 소주병을 넣으면, 공장을 운영하는 사람의 입장에서는 하늘색 소주병을 제거하기 의해 컨베이어벨트 공정을 중단하고 재가동하는 과정을 반복해야 합니다. 잘못 버린 병이 너무 닳으면 이를 들라내는 인력을 따로 고용해야 할 겁니다. 우리가 모두 페트병과 유리병에서 라벨을 제거해 재활용한다면 재활용품의 가치가 높아지고 소비자가 지불해야 할 그린프리미엄도 낮아지게 됩니다.

한편 그린프리미엄을 지불하는 것이 손해처럼 느껴질 수 있겠지만, 저는 그린프리미엄을 지불하는 삶의 방식이 경제적으로 큰 손해가 되지 않을 수도 있다고 생각합니다. 전기자동차의 친환경성과 가능성을 믿고 저돌적으로 사업을 추진한 일론 머스크는 온라인 결제 시스템 관련 회사 창업주에서 세계 최고 전기차 기업의 대주주가 되었고, 애플과의 경쟁에 밀렸던 마이크로소프트는 빌 게이츠가 기후위기에 집중한 이후로 세계 1위 기업 자리를 다시 차지했습니다. 두 사업가 모두 그린프리미엄만을 생각하고 사업을 실게

하지는 않았겠지만, 그린프리미엄에 힘입어 엄청난 부를 얻을 수 있었습니다.

자신이 지불한 그린프리미엄을 SNS에 소개하고 나누는 문화가 생긴다면 탄소중립과 탄소네거티브는 현실화될 수 있다고 생각합니다. 인류는 직면한 어려움을 지금까지 잘 해결해왔습니다. 지금 겪고 있는 환경위기 역시 우리가 극복할 수 있는 문제라고 확신합니다.

완벽한 해결책은 없다

A는 매일 고기를 먹지만 평생 자전거를 타고 다닙니다. B는 고기를 전혀 먹지 않는 대신 평생 디젤자동차를 탑니다. 누가 더 친환경적으로 사는 것처럼 보이나요? 영국의 스트라스클라이드대학교가 2023년 1월에 발표한 환경 LCA 보고서에 실린 이야기입니다.

소 같은 가축은 하루에 250~500리터의 메탄가스를 발생시킵니다. 메탄가스는 같은 양의 이산화탄소보다 28~36배 더 온난화에 영향을 끼칩니다. A가 1년에 2마리 분량의 소고기를 50년 동안 먹는다면 4,200톤 정도의 메탄가스가 발생합니다. B의 경우 디젤자동차는 1킬로미터당 120그램의 이산화탄소가 발생합니다. B가 연간 1만 킬로미터를 운전하는 경우, 50년 동안 60톤의 이산화탄소가 발생합니다. 이를 비교해보면, 고기를 먹고 자전거를 타는 사람이 지구온난화에 거의 2,000배가량 더 큰 영향을 끼치는 겁니다. 우리의 삶은 이보다 더 단순하지가 않습니다. 모두 A처럼 살지도 않거니와 내일부터 당장 B처럼 살 수도 없습니다.

우리는 과거를 묘사하는 대중매체 때문에 과거 인류의 주거 환경이 지금보다 더 좋았을 거라고 착각합니다. 또한 암울하게 미래를 묘사하는 영상들 때문에 발생할 가능성이 없는 문제조차 걱정합니다. 그럴 때 저는 어딜 가나 그득한 똥 때문에 악취와 세균이 가득했던 100년 전 대도시의 거리를 떠올리면서, 현재 대중교통과 자가용이 활성화된 대도시의 거리는 얼마나 쾌적하고 살기 좋은 환경인지 생각해봅니다. 다시 말해 지금 환경에 문제가 없다는 것은 아니지만, 현재 우리는 지구상에 존재했던 인류 중 가장 풍요롭고 깨끗한 환경에서 사는 것도 사실입니다. 그리고 미래에 대한 공포는 어느 시대에나 있었습니다.

실제로 1892년 《타임스The Times》는 "50년 안에 런던의 모든 거리가 9피트(약 3미터)의 말똥에 묻히고 말 것"이라는 예측 기사를 내보냈습니다. 물론 《타임스》의 예측이 완전히 틀렸다는 것을 지금 우리는 쉽게 알 수 있습니다. 도로에 매연을 내뿜는 자동차가 다니기 전, 유럽과 미국의 대도시 도로는 분뇨로 가득했습니다. 친환경 운송수단인 말 1마리당 하루 평균 10킬로그램의 배설물을 쏟아내는데, 뉴욕에서만도 20만 마리의 말이 교통수단으로 활용되었으니 단순 계산해보면 하루 평균 2,000톤에 가까운 분뇨가 뉴욕의 도로에 쏟아졌다는 것입니다.

말만 분뇨를 배출한 게 아닙니다. 유럽 대도시의 아름다운 복층 건물에서 위층에 사는 사람들은 아래로 직접 배변을 던지는 식으로 집 밖에 배설물을 버렸습니다. 100년 전, 풍경화 속 아름다운 유럽 거리는 말똥과 사람똥이 뒤범벅돼 고약한 냄새로 가득한 비위생적인 공간이었습니다. 분뇨로 인해 전염병의 발생 위험도 높았습니다. 지금은 햇빛을 가려주는 양산, 처마 끝에 치는 차양은 복층 건물의 위층에서 버리는 사람의 분뇨를 피하기 위해 반드시 필요했으며, 굽 높은 구두인 '하이힐'도 거리에 아무렇게나 던져져 있는 분뇨를 조금이나마 피하기 위해 만들어졌다는 이야기도 있습니다.

전차, 지하철, 버스 등 새로운 교통수단이 등장하면서 세상이 분뇨로 뒤덮일까 두려움에 떠는 사람은 이제 거의 없습니다. 또한 대부분의 선진국에서는 선진화된 화장실을 이용하고 있고, 사람과 동물의 분뇨를 한데 모아 처리하는 하수처리 시스템을 갖추고 있어 배설물이 하천으로 직접 유입되지 않도록 합니다.

그 당시 사람들에게 분뇨 처리 위기가 얼마나 크게 느껴졌는지, 영어에는 '1894년 말똥 대위기^{The Great Horse-Manure Crisis of 1894}'라는 표현이 있을 정도입니다. 이 표현은 어떠한 문제가 있어서 미래가 너무 비관적으로 보이지만 해결할 수 있는 문제를 말할 때 종종 사용합니다.

지구인이 할 수 있는 최소한의 선택

100년 전 도시의 환경위기를 개선한 혁신이, 현재 대기오염의 주범으로 꼽히는 자동차라는 점을 떠올려보면 미래에 또 다른 친환경 모빌리티가 등장해 환경을 개선해줄 수 있을 것입니다. 하지만 그렇게 되면 또다시 인류가 생각하지 못했던 문제가 발생할 가능성이 있습니다.

인간은 어쩌면 완벽한 해결책을 찾을 수 없을지 모릅니다. 현재 친환경에너지로 꼽히는 태양광, 조력, 풍력 에너지 등을 활용 가능한 에너지로 만들어주는 장치를 만드는 데 여전히 화석연료가 사용되는 것처럼 말입니다. 하지만 분명한 건 인간은 계속해서 눈앞의 상황을 개선해왔다는 겁니다. 앞서 살펴본 대로 프레온가스가 오존층을 파괴하자 프레온가스 사용을 중지했습니다. 납이 인체에 피해를 입힌다는 것을 확인한 이후 납을 철저히 관리하고 있습니다. LED 전구와 전기자동차가 확산되며 에너지효율을 획기적으로 높였고요.

우리가 걱정하는 지금의 환경문제 역시 개선해나갈 수 있을 겁니다. 그러니 각 개인은 미래를 어둡게만 보고 두려워하거나 너무 엄격하게 삶을 옥죄는 대신 주어진 환경에 감사해하며 문명의 편의를 누렸으면 합니다. 다만 생활 속에서 환경을 위해 우리가 할 수 있는 작은 실천을 해나가면 좋겠습니다. 어렵지 않습니다. 하루 한 번은 텀블러를 사용하는 것, 새 옷을 사기 전 비슷한 옷이 없는지 옷장을 한 번 더 살펴보는 것, 자주 쓰는 물품은 소포장 제품보다 대용량 제품을 사는 것, 귀찮다고 음식을 배달시키기보다 가까운 음식점에 걸어가서 포장해오는 것, 재활용을 좀 더 철저히 하는 것 등 나의 에너지를 조금 더 쓰고 외부 에너지를 조금 덜 쓰는 행동들입니다. 내가 하는 조금 귀찮지만 작은 선택이 지구를 위한 한 걸음이 될 수 있다는 것을 늘 기억하면 좋겠습니다.

1장.

1. NOAA 홈페이지 참고. ncei.noaa.gov

2. IPCC, Special Report: Global Warming of 1.5, 2018.

3. Damian Carrington(Environment editor), Why the Guardian is changing the language it uses about the environment, the Guardian, 2019. 5. 17., https://www.theguardian.com/environment/2019/may/17/why-the-guardian-is-changing-the-language-it-uses-about-the-environment

4. Montzka, S.,. The NOAA Annual Greenhouse Gas Index (AGGI). NOAA Global Monitoring Laboratory Website. 2022.

5. Bowman Global Change and The Birch Aquarium, Scripps Institute of Oceangography, UCSD; EarthLabs, Part B: CO_2 — My Life's Story, Carbon In the Atmosphere, 2011에서 재인용, https://serc.carleton.edu/eslabs/carbon/3b.html

6. Jeffrey, P. Cohn, Biosphere 2: Turning an Experiment into a Research Station, BioScience, volume 52, pp.218-223, 2002.

7. 환경부 보도자료, 〈2022년 온실가스 잠정배출량 전년보다 3.5% 감소한 6억 5,450만톤 예상〉, 2023. 7. 25., https://www.me.go.kr/home/web/board/read.do?menuId=10525&boardMasterId=1&boardCategoryId=39&boardId=1615550

8. International Energy Agency, World Energy Outlook 2022, https://www.iea.org/reports/world-energy-outlook-2022

9. GRID ARENDAL, Production of nitrogen fertilizer in relation to world population, 2013, https://www.grida.no/resources/7449

2장.

1. Justine Calma, Tesla's carbon footprint is finally coming into focus, and it's bigger than the company let on in the past, The Verage, 2023, https://www.theverge.com/2023/4/26/23697746/tesla-climate-pollution-carbon-footprint-supply-chain-report

2. 조현길, 안태원, 〈도시 낙엽성 조경수종의 탄소저장 및 흡수〉, 한국조경학회지 제40권 5호, pp.160~168, 2012.

3. 坂輪光弘, 古牧育南, 山口一良, 〈石炭/コークス鐵鋼技術の流れ, 第2シリーズ〉, 日本鐵鋼協會, 2002에서 수정·인용.

4. IAEA, Hydrogen Production Using Nuclear Energy, IAEA Nuclear Energy Series No. NP-T-4.2, 2012, https://www.iaea.org/publications/8855/hydrogen-production-using-nuclear-energy

3장.

1. 구은모, 〈의류도 '착한 소비'가 대세 … 소비자 절반 이상 친환경 등 윤리적 요소 중시〉, 〈아시아경제〉, 2022. 11. 2., https://view.asiae.co.kr/article/2022110116281422059

2. Francesca De Falco, Emilia Di Pace, Mariacristina Cocca, Maurizio Avella, The contribution of washing processes of synthetic clotnes to microplastic pollution, Scientific Reports volume 9, Article number: 6633, 2019.

3. Julien Boucher, Damien Friot, Primary Microplastics in the Oceans: A Global Evaluation of Sources. IUCN, 2017.

4. David D. Smits, The Frontier Army and the Destruction of the Buffalo: 1865-1883, Western Historical Quarterly, vol. 25, no. 3, Autumn 1994;, Moneil Patel, Restoration of Bison onto the American Prairie, Interdisciplinary Minor in Global Sustainability Senior Seminar, University of California, Irvine June 1997.

4장

1. The Royal Society, Ammonia: zero-carbon fertiliser, fuel and energy store, February, 2020.

2. Environmental Working Group, Meat Eaters Guide to Climate Change + Health, July 2011.

3. FAO. The State of Food and Agriculture 2021: Making agrifood systems more resilient to shocks and stresses, 2021, https://doi.org/10.4060/cb4476en

4. Our World in Data, Global meat production, 1961 to 2021. https://ourworldindata.org/meat-production

5. Hanna L Tuomisto, M Joost Teixeira de Mattos, Environmental impacts of cultured meat production, Environ Sci Technol, volume 45, issue 14, pp.6117-6123, 2011.

6. Derrick Risner, Yoonbin Kim, Cuong Nguyen, Justin B. Siegel, Edward S. Spang, Environmental impacts of cultured meat: A cradle-to-gate life cycle assessment, bioRxiv, 2023, https://doi.org/10.1101/2023.04.21.537778

7. Paul Vantomme, Afton Halloran, The contribution of insects, to food security, livelihoods and the environment, Food and Agriculture Organization of UN, May 2013.

8. Rue Joseph Stevens, IPIFF's Contribution the the Public Consultation of the European Commission Initiative on Food Waste Reduction Targets, January 2023, https://ipiff.org/wp-content/uploads/2024/05/IPIFF-Contribution-Paper-EC-Initiative-Food-Waste-Reduction-Targets-08-22.pdf

9. 정책공감(대한민국 정부 블로그), 〈고소애·꽃뱅이…'식용곤충'에 대한 궁금증을 해결해보자〉, 생활 속 정책: 문화·사회, 2015. 5. 27., https://blog.naver.com/hellopolicy/220371732044

10. 다른 식품들의 물발자국을 보고 싶다면 Water Footprint network 홈페이지(www.waterfootprint.org)에 접속해보기 바랍니다. 또는 구글에 water footprint와 관심 식품명을 함께 검색하면 해당 식품에 얼마나 많은 물이 소모되는지 찾을 수 있을 겁니다.

11. 물발자국 네트워크 보고서 〈농작물과 농작물 가공제품의 물발자국〉(2010)과 〈가축과

축산가공품의 물발자국〉(2010)의 자료를 토대로 재구성.

12. Laurence G. Smith, Guy J D. Kirk, Philip J. Jones, Adrian G Williams, The greenhouse gas impacts of converting food production in England and Wales to organic methods. Nature Communications 10, Article number: 4641, 2019.

13. Mengyu Li, Nanfei Jia, Manfred Lenzen, Arunima Malik, Liyuan Wei1, Yutong Jin, David Raubenheimer. Global food-miles account for nearly 20% of total food-systems emissions. Nature Food 3, pp.445-453, 2022.

5장.

1. 김현준, 〈오스트리아 신재생 에너지 혁명을 선도하는 수력발전부문〉, KOTRA 《해외시장뉴스: 상품·산업》, KOTRA, 2013. 6. 11., https://dream.kotra.or.kr/kotranews/cms/news/actionKotraBoardDetail.do?MENU_ID=180&pNttSn=121878

2. 박윤석, 〈올해 제주서 버려진 풍력발전량 1만 3,166MWh 달해〉, 《일렉트릭파워》 2020. 10. 15., https://www.epj.co.kr/news/articleView.html?idxno=26046

3. 황동수, 이상호 지음, 《석탄 사회》, 동아시아, 2022, 161쪽.

4. Bill Gates, How to avoid a climate disaster, Random House, 2021.

5. 전홍찬, 〈후쿠시마 이후 독일 원전 정책 변화에 대한 연구〉, 《사회과학연구》 제27권 4호, 충남대학교 사회과학연구소, 2016, pp.307~334.

6. Andreas Wunsch, Tanja Liesch, Stefan Broda, Deep learning shows declining groundwater levels in Germany until 2100 due to climate change, Nature Communications 13, Article number: 1221, 2022.

7. Lindsay M. Krall, Allison M. Macfarlane, Rodney C. Ewing, Nuclear waste from small modular reactors, PNAS, 119(23) e2111833119, 2022, https://doi.org/10.1073/pnas.2111833119

8. Ankit Gupta, Shashank Sisodia, Biofuel Market Size — By Fuel Type (Biodiesel, Ethanol), Feedstock (Coarse Grain, Sugar Crop, Vegetable Oil), Application (Transportation, Aviation), Regional Outlook & Forecast, 2024-2032, Biofuels Global Market Report, Global Market Insight, 2023, https://www.gminsights.

com/industry-analysis/biofuel-market?gclid=CjwKCAjw0aS3BhA3EiwAKaD2ZZ NXPMzgeoqLZaIv0CM9sd8jUjljAFsHsmYV9YLcBNSIruPgy9ImdRoC9qgQAvD_ BwE

9. Zhu Liu, Zhu Deng, Steve Davis, Philippe Ciais, Monitoring global carbon emissions in 2022, Nature Reviews Earth & Environment, volume 4, issue 4, pp.205-206, 2023, https://doi.org/10.1038/s43017-023-00406-z

10. David W. Keith, Geoffrey Holmes, David St. Angelo, Kenton Heidel, A Process for Capturing CO_2 from the Atmosphere, Joule, volume 2, issue 8, 2018, pp.1573-1594, https://doi.org/10.1016/j.joule.2018.05.006

11. Nicolas Gruber, Dominic Clement, Brendan R. Carter, Richard A. Feely, Steven van Heuven, Mario Hoppema, Masao Ishii, Robert M. Key, Alex Kozyr, Siv K. Lauvset, Claire Lo Monaco, Jeremy T. Mathis, Akihiko Murata, Are Olsen, Fiz F. Perez, Christopher L. Sabine, Toste Tanhua, Rik Wanninkhof, The oceanic sink for anthropogenic CO_2 from 1994 to 2007, Science, volume 363, issue 6432, pp.1193-1199, 2019, https://doi.org/10.1126/science.aau5153

12. PMEL Carbon Program, How the oceans store CO_2 is critical for understanding the global carbon cycle 이미지 참고, https://www.pmel.noaa.gov/co2/story/ Ocean+Carbon+Storage

13. 곽철우, 정의영, 〈바다숲 복원을 위한 부착기길 개선 및 Seed bank 조성 기술개발 최종보고서〉, 해양수산과학기술진흥원, 2018.

14. Sinyang Kim, Sang Mok Jung, Sungjune Jung, Hyun Woung Shin, Dong Soo Hwang, Sea urchin repelling Tannin- FeIII complex coating for ocean macroalgal afforestation, Chemosphere, volume 263, 128276, 2021. https://doi. org/10.1016/j.chemosphere.2020.128276

15. Philip W. Boyd, Hervé Claustre, Marina Levy, David A. Siegel, Thomas Weber, Multi-faceted particle pumps drive carbon sequestration in the ocean, Nature, volume 568, pp.327-335, 2019, https://doi.org/10.1038/s41586-019-1098-2

16. Global Carbon Project, Global Carbon Budget 2020, 2020, https://www. globalcarbonproject.org/carbonbudget/archive/2020/GCP_CarbonBudget_2020. pdf

17. Bill Gates, How to avoid a climate disaster: The Solutions We Have and the Breakthroughs We Need, Random House, 2021.

6장.

---

1. 주문솔, 김호정, 〈음식물쓰레기 자원화 현안 및 정책과제: 주방용 오물분쇄기 이슈를 중심으로〉, 한국환경연구원, 2022.

나를 위한 첫 번째 환경수업

초판 발행 • 2024년 11월 20일
초판 2쇄 발행 • 2025년 6월 13일

지은이 • 황동수, 황지영
발행인 • 이종원
발행처 • (주)도서출판 길벗
브랜드 • 더퀘스트
출판사 등록일 • 1990년 12월 24일
주소 • 서울시 마포구 월드컵로 10길 56(서교동)
대표전화 • 02)332-0931 | **팩스** • 02)323-0586
홈페이지 • www.gilbut.co.kr | **이메일** • gilbut@gilbut.co.kr
대량구매 및 납품 문의 • 02) 330-9708

기획 및 책임편집 • 안아람(an_an3165@gilbut.co.kr) | **편집** • 박윤조, 이민주 | **제작** • 이준호, 손일순, 이진혁
마케팅 • 정경원, 김선영, 정지연, 이지원, 이지현 | **유통혁신팀** • 한준희 | **영업관리** • 김명자, 심선숙 |
독자지원 • 윤정아

디자인 • 지완 | **교정교열 및 전산편집** • 상상벼리 | **인쇄 및 제본** • 예림인쇄

ISBN 979-11-407-1162-8 43400
(길벗 도서번호 040245)

정가 17,000원

독자의 1초까지 아껴주는 정성 길벗출판사

(주)도서출판 길벗 | IT단행본, 성인어학, 교과서, 수험서, 경제경영, 교양, 자녀교육, 취미실용 www.gilbut.co.kr
길벗스쿨 | 국어학습, 수학학습, 주니어어학, 어린이단행본, 학습단행본 www.gilbutschool.co.kr
인스타그램 · thequest_book | **페이스북** · thequestzigi | **네이버포스트** · hequestbook